改变他人不如改变自己

Change Oneself

王　凡 编著

辽海出版社

图书在版编目（CIP）数据

改变他人不如改变自己 / 王凡编著 . —沈阳：辽
海出版社，2017.10

ISBN 978-7-5451-4433-8

Ⅰ.①改… Ⅱ.①王… Ⅲ.①成功心理－通俗读物
Ⅳ.① B848.4-49

中国版本图书馆 CIP 数据核字（2017）第 249654 号

改变他人不如改变自己

责任编辑：柳海松
责任校对：丁　雁
装帧设计：廖　海
开　　本：630mm×910mm
印　　张：14
字　　数：155 千字
出版时间：2018 年 3 月第 1 版
印刷时间：2018 年 3 月第 1 次印刷

出版者：辽海出版社
印刷者：北京一鑫印务有限责任公司

ISBN 978-7-5451-4433-8　　　　　定　　价：68.00 元

序 言

与其改变他人，不如改变自己。

在生活中我们常常会听到这样的抱怨：我们公司的××，他不听我的话，总是跟我背道而驰，把我的工作搞得乌烟瘴气；如果他能按我说的话做，那么我们俩肯定是非常好的搭档。

这种想法经常会出现在我们一些人的脑海中，当我们面对问题的时候，往往不会在自己身上找原因，总是抱怨某个人不按自己的计划行事，总觉得自己才是主角，他人都应该围绕自己来改变。可是事实上，我们错了。我们不管是追求生活的幸福抑或是事业的成功，不管是实现梦想还是追逐名利，我们都把这主动权抛给了他人，我们将自己的幸福和成功都交给他人来掌握，总是期望通过改变他人来成就自己，最终功亏一篑。我们应该明白，奢望改变他人是一种思想不成熟的表现，通过这种途径想要成功更是不可能。我们应该意识到，改变他人不如改变自己。这才是我们应该做的。

有这样一句话：一样米养百样人。生活在这个世界上，身边总是会出现形形色色的人。如果我们总是想要试图去改变他人，那得到的结果只能是争执和冲突。因为没有人喜欢自己按照别人的方式而改变，没有人喜欢自己按照别人的方式生活。

这个时候，与其将时间花费在改变他人的争执上，不如将时间用在改变和完善自己上。古人常说的"自省"就是这个道理。我们在工作和生活中会和各种各样的人互动交流，在这个过程当中，我们应该放下自身的固执和狭隘，以一种学习的心态来发现他人身上的闪光点，从而为我所用。在工作和生活中，我们需要做一个少说多做的实践者，适时地改变和完善自己，通过"自省"让我们自身变得更加优秀，才能拥有一片属于自己的天空。

每个人的人生都如同出发的列车一样，我们每个人都是这辆列车的唯一的司机，千万不要将自己的人生列车交给他人来操控，你要做的是沉着冷静，让自己的这辆列车安全平稳地行驶在通往成功的大道上。当停则停，该转弯的时候转弯，这样，你才能离自己的目标越来越近。

那么，从今天开始，放弃改变他人吧，先改变自己，努力提升自己的能力。只有这样，成功才会向你招手；只有这样，人生才会异彩纷呈！

目 录

第四章　改变自己，让目标来督促自己

第五章　自省之后改变，会更真实

第六章　改变自己，让自己变得自信

第七章 改变自己，让坏情绪离你而去

第八章 改变自己，把劣势变成优势

第九章 改变自己，梦想靠行动来实现

第十章　改变自己，坚持才是硬道理

第一章

想改变人生，先改变自己

许多人抱怨老天对自己不公，其实，他们忘了，命运是掌握在自己手中的。当一个人总是把自己失败的原因推给别人的时候，那么他这一生都可能充满失败。想要成功，就要改变自己，只有改变自己，人生才可以改变！

01 改变自己才能掌控自己

在你的生活和事业中，有多少死结在阻碍着你？你在设想哪些与自己有关的"现实"？是不是有一条假象的链子拴在你腿上，让你觉得自己永远不可能改变，不能实现理想的目标呢？可能你以为我在夸大事实，你知道梭鱼的实验吗？研究者发现在一种被称为梭鱼的鱼类中也存在僵化的倾向。通常情况下，梭鱼会就近攻击在它范围内游泳的鲦鱼。研究者们把一个装有几条鲦鱼的无底玻璃钟罐放入装有一条梭鱼的水箱中。这条梭鱼立刻向罐子里的鲦鱼发动了几次攻击，结果它敏感的鼻子狠狠地撞到了玻璃壁上。几次惨痛的尝试之后，梭鱼最终放弃，并完全忽视了鲦鱼的存在。钟罐被拿走后，鲦鱼们可以自由自在地在水中四处游荡，即使当它们游过梭鱼鼻子底下的时候，梭鱼也继续忽视它们。由于一个建立在错误信念基础之上的死结，即使周围有丰富的食物，这条梭鱼也最终饿死了。可见，机械式的经验主义、教主义，可能会使我们失去许多成功的机会。

"改变自己必改变一生"，安德列耶夫也说："一个人最大的胜利就是战胜自己。"对于自身认识的错误信念是致命的，退一步说，它会导致平庸。错误的信念夺去你的能量，你须从改变自己的心态开始，威廉·詹姆斯说："我们这一代最伟大的发现就是，一个人可以借着改变自己的心态来改变一生。"这意味着在心态上我们要进行一番彻底的调整，在观念上我们要进行一番彻底的变革！压力咨询顾问、激励大师理察·卡尔森博士主张"借改变自己来改变未来"。你必须相信自己，你必须相信自己有能力成功。自信能造就所有高成就的两大基石——高自尊和高期望。

　　生活就是这样。一个人就是一个世界，每个人都是自己世界的主人。每个人对自己世界做出的选择和决定，都会影响到所有相关的存在。当对自己的世界感到沮丧、不满、无望时，实际上是对自己的选择和决定做出的反应，解决的方法也只有自己去改变这一切，因为你自己才是这个世界的主人。所以改变生活的心态，完全取决于我们自己。

　　以下这段话是一位安葬于西敏寺的英国圣公会主教的墓志铭："当我年轻自由的时候，我的想象力没有任何局限，我梦想改变这个世界。

　　"当我渐渐成熟明智的时候，我发现这个世界是不可能改变的，于是我将眼光放得短浅了一些，那就只改变我的国家吧！但是我的国家似乎也是我无法改变的。"

　　"当我到了迟暮之年，抱着最后一丝努力的希望，我决定只改变我的家庭、我亲近的人——但是，唉！他们根本不接受改变。"

　　"现在在我临终之际，我才突然意识到：如果起初我只改变自己，接着我就可以依次改变我的家人。然后，在他们的激发和鼓励下，我也许就能改变我的国家。再接下来，谁又知道呢，也许我连整个世界都可以改变。"

　　这是一个终生思考探索人生秘密和具有良好的教养、修养和声望的人倾其一生的所得写下的至理名言。这段话只告诉了我们一件事，即指明了一个人生的方向："改变自己。"

如果我们对自己的现状不满的话，那么，就开始改变我们自己吧。改变并不是一件困难的事情，只要从生活的点点滴滴开始，从细节着手，就能改变自己的人生！

02 超越自我，勇攀高峰

超越自我，梦想就在手中；超越自我，便会登上自己想要的巅峰。

世界上不只有你，还有其他人，如果你无法改变周围的环境，唯一的办法就是改变你自己。

你可曾读过这样一则寓言：一只猫头鹰搬家，路上遇到了斑鸠。斑鸠问猫头鹰："你要搬到哪里去？"猫头鹰回答："我要搬到东方去。""西方是你的老家，为什么要搬到东方去呢？"斑鸠不解地问。猫头鹰长叹了一口气，态度沮丧地回答："因为我在西方实在住不下去了，这里的人都讨厌我夜间的叫声！"

听完猫头鹰的诉说，斑鸠劝道："你唱歌的声音的确很难听，尤其在夜间更是打扰别人睡觉，难怪大家会讨厌你。可是如果你能改变一下声音，或停止夜间歌唱，不就可以继续住下去了吗？不然的话，即使你搬到东方去，那里的人也照样会讨厌你的。"

生活中常见这样的人，自己有缺点，受了挫折，不是从主观上找原因，而是一味地抱怨环境，迁怒于人，一心只想改变环境，却从来不想改变自己。其实，及时找出自己的缺点和不足并加以改正，比费尽心机去改变周围的环境来摆脱自己的困境更有效。

有一档电视节目叫《抢救贫穷大作战》，这个节目的理念非常好：只要改变你自身的一点点不足，就能让你迅速摆脱困境。比如有一个开面馆的女老板，她的手艺非常好，可是生意始终红火不起来。经营大师们会诊的结果是，她太严肃，脸上从来没有笑容，所以没有顾客缘。于是，把她送到一家料理名店学习微笑，并跟踪拍摄她如何比哭还难看的第一次微笑，如何笨拙地试图与顾客聊天，如何在谈话中放松下来……经过半年的学习和训练，她脸上终于可以轻松地浮起笑意。再回去经营她的小面馆，果然回头客大增，生意比以前好了许多。

也许你现在已经开始踌躇满志地酝酿着改变，你希望工作时更有热情，你希望生活更幸福和充满乐趣，你希望妻子更温柔体贴，你希望孩子更可爱和聪明……这些愿望都是好的，但你不知道该从哪里开始。每个人的心里都有一个大大的问号："我怎样做才能使事情向好的方向发生改变呢？"答案是令人出乎意料的——"从你自己开始"。

从自己开始，今天不抽烟，以身作则地告诉自己的孩子如何爱惜生命，也是爱自己和家人的表现；从自己开始，今天不乱说同事的坏话，不打小报告，创造办公室相处融洽的气氛；从自己开始，为妻子和父母做一顿饭，告诉他们你有多感谢他们给你的生命带来的快乐和幸福，告诉他们你非常珍惜和爱他们。从自己开始——你发现了吗？你可以做的事情太多了！不是没有改变的机会和可能，而是你是否愿意去改变！

教育孩子，家长需要做的就是把握方向，然后以身作则，因势利导。如果你希望自己的孩子长大后不抽烟，那么当别人递给你一根烟的时候，你就要说："谢谢你！从今天开始，我不抽烟。"

如果你能做到从今天开始一个不，那么不仅是你自己受益，而且对于后代的教育和发展也有很大的帮助。有个孩子，在很小的时候，一次，父亲叫他画静物写生，对象是插满秋菊的花瓶。孩子很快就交上作业。在孩子笔下，花瓶是梯形的，菊花成了大大小小的圆圈，叶子则是奇怪的三角形，简直是"四不像"。然而父亲并没有向儿子发火，他告诉儿子什么是梯形，什么是三角形，并从此开始教他几何学和代数。这个孩子长大后成了著名的数学家、物理学家，他就是麦克斯韦。这个小故事还使我想起在日本进修时看过的一部教育纪录片：一群孩子在教室里玩耍，他们的鞋横七竖八地乱放着。这时进来一个人，他跟孩子们热情地打过招呼后，慢慢地脱下自己的鞋。孩子们目不转睛地看着他。这个人把鞋整齐地摆放在鞋架上。孩子们等他走后，纷纷跑去捡鞋子，也整齐地摆放到鞋架上。

改变别人是事倍功半，改变自己是事半功倍，一味地去改变环境，不如痛下决心改变自己，让自己适应环境。当我们不再将眼睛盯着周围的环境，而是回到自己的心灵世界，将尘埃打扫干净，你会发现自己轻松了，环境也变得更宽松和温馨了。所以，要改变你自己，先从改变你的生活开始。也就是说，要把没用的东西扔掉，才能找到你想找的东西。如果你无法改变周围的环境，唯一的办法就是改变你自己，学会和其他人友好相处，学会去适应环境，否则受到生活惩罚的将是你自己。

03 "敏而好学，不耻下问"

学会适时地去依靠别人，是一种谦卑，更是一种聪明。

假如你还发现不了自己身上的缺点，就像手电筒，光能照亮别人，可总是照不到自己。这可怎么办呢？没有关系，请你的好朋友来帮帮忙吧。不要以为这是件很简单的事情，你要想听到朋友的真心话，得下一番功夫。否则，好朋友聚在一起，如果气氛掌握不好，让人觉得特别奇怪和别扭，让人觉得像是鸿门宴，那就不好办了。这不仅会给朋友留下不好的感觉，而且还可能影响你们之间的友谊。假如你形成听取好朋友意见的习惯，不仅能给你带来很大的帮助，而且因为朋友的意见有助于你改进缺点，这个好习惯还可以使你受用终身。

我国古代的祖先齐景公也是一个乐于采纳别人意见的人。齐景公爱喝酒，连喝七天七夜不停止。大臣弦章上谏说："君王已经连喝七天七夜了，请您以国事为重，赶快戒酒；否则就请先赐我死吧。"另一个大臣晏子后来觐见齐景公，齐景公向他诉苦说："弦章劝我戒酒，要不然就赐死他；我如果听他的话，以后恐怕就享受不到喝酒的乐趣了；如果不听他的话，他又不想活，这可怎么办才好？"晏子听了便说："弦章遇到您这样宽厚的国君，真是幸运啊！如果遇到夏桀、殷纣王，不是早就没命了吗？"于是齐景公果真戒酒了。齐景公知过能改，肯虚心接受他人的劝告，这种宽大的度量值得我们学习。

在生活节奏越来越快、竞争越来越激烈的今天，我们在事业上要承受很大的压力，譬如公司实行的"UP OR OUT"政策，使员工每天都不敢懈怠，万一哪个月业绩下降，就会面临下个月被辞掉的危险。而家庭的压力也不小，这实在是让人感到头痛的事情。依靠个人的力量解决工作和生活中面临的所有烦恼和压力，几乎是非常吃力的事情，所以很多工薪阶层都感到身心俱疲，有的甚至因为压力过大，无法缓解和释放，轻易地选择了结束自己的生命！这种做法是非常不负责任和愚蠢的，当你被压力和烦恼压得透不过气的时候，不要忘了你的好朋友！他们的存在让你的生活充满乐趣、充满希望。同样的，他们也是你在人生低沉的时候可以依靠的、信赖的伙伴。不妨让他们替你分担一下你的担心和烦恼吧。这样一个人的烦恼就变成了两个人的，甚至更多的人来替你一起分担，你肩上的负担不就更轻了吗？相信你的朋友会给你建议，会从另一个角度提出更有效的解决方法，还有可能会给你提供其他的资源，帮助你渡过难关！

用真诚的语气、平等的态度去获得朋友的帮助。在帮助别人的时候，不要让对方感到受到恩惠，而是平和地接受。今天才发现，原来我只是知道，而并没有真正地做到。别人不喜欢一直受到指使。朋友之间应该互相支持，不应该去做一个教导者，那样的态度会让任何人都感到不舒服。

除此之外，朋友还会帮忙改正你身上的缺点。就像前面所提到的那样，烦恼不是平白无故产生的，当问题出现的时候，马上寻求别人的帮助是一种解决问题的快速方法，但是更本质的在于，尽快找到问题产生的原因并尽全力根除它！所以你更应该请你的朋友来帮忙"数落"你，"数落"你身上的缺点和不足，让你更清楚地认识自己。我们交什么样的朋友？什么样的朋友是益友？能够一起同甘苦、共患难的当然是好朋友，但诤友更为难得。因为他们冒着会和朋友翻脸，使友谊破裂的危险对你提出意见，而且是非常客观地、一针见血地指出你身上所有的问题，当然这会招致你的反感和讨厌。不过，这样的诤友是打着灯笼也很难找到的。请你记住：如果朋友给你指出缺点和错误，不要翻脸，因为诤友难得！

凡是成功的人士，大多都有一段人生低谷的阶段，然后得到了支持和帮助，走向辉煌。在奋斗的过程中你可能还没有意识到诤友的益处，因为你更多地关注目标和自己的努力，但是当你获得成功之后，身边有异议的声音会少很多，因为害怕你的权威和考虑到利益关系。这时候你会觉得身边有位诤友是多么重要和珍贵！艾米尔·胡斯鲁·德赫鲁的诗回答了这一问题："真正的朋友是指出你缺点的人，他就像一面镜子，面对面跟你说，而不像有一千个舌头的梳子，在头皮上穿流于头发之间。"

有的朋友可能会说，工作了总抽不出太多的时间去交友，老是担心知心朋友会越来越少，其实这种担心是没有必要的，因为与你在同一个单位，或者就在同一个办公室的同事，其实就是你最好的交友对象，你完全可以用心地投入，把与同事间的关系搞好，争取让同事都能成为自己的知心朋友。不过在你想让同事成为你自己的知心朋友之前，你是否扪心自问一下：你是否已经成为同事的知心朋友？你学会安慰和鼓励同事了吗？俗话说："危难显真情"。如果同事自己或者家中遇到什么不幸，工作情绪非常低落时，往往最需要人的安慰和鼓励，也只有在此时同事才会对帮助他的人感激不尽。这时，你应该学会安慰和鼓励同事，让同事把心中的烦恼和痛苦诉说出来，帮助同事解决困难，分担痛苦。同事一旦把心中不顺心的事情说出来后，痛苦郁闷的感觉就会逐渐消失了，而你此时的每一句话语对同事来说不啻于是一种甜蜜。当你们之间建立了友好的关系，遇事勤于向同事求援，这样就开启了诤友的局面。有许多人遇到自己不能解决的困难时，总是难于向别人启齿，或者不希望给别人带来麻烦，这是不对的。一方面，如果你不向别人求援，别人就不知道你的困难，你也许就失去了一个解决困难的机会；另一方面，如果你不向别人求援，别人就会误认为你是一个怕麻烦的人，以后别人一旦有事，自然就不会和你倾吐衷肠。因此，大家日后在遇到困难时，应该勤于向同事求援，这样反而能表明你对同事的信赖，从而进一步融洽与同事的关系，加深与同事之间的感情。良好的人际关系是以互相帮助为前提的。当然，要讲究分寸，尽量不要使人家为难。

做一个诤友，不是简单地提出批评就好，还要学会成人之美。要真心对待同事，也体现在如何褒和贬上。例如在单位举行的总结会上，你应该学会恰如其分地夸奖同事的特长和优点，在群众中树立他的威信。如果发现同事的缺点或者有什么不对的地方，应该在与他单独相处时，实事求是地指出他存在的不足和缺点，并帮助他一起来完善自己。学会用委婉的态度和语气，相信你会成为一位受欢迎的诤友，当然，作为回报，你同时也会得到朋友和同事真诚的建议和批评，这种双赢的局面，不仅不会因为彼此指出对方的缺点而破坏了你们之间的友谊，还会使大家更加珍惜和爱护彼此的关系。

美国一位著名的心理学家在总结自己多年的经验时说："如果对方能中肯地指出你的不足，你对他一定能产生好感。"一般人都认为，自己的个性如何，自己最清楚。事实上，有些个性可能自己至今都没发现。无论是谁都会有缺点，而发现这些缺点，可能需要相当长的一段时间。有时甚至要等到父母、师长指出后才发现。当然，朋友也会给你一些忠告，但是当我们慢慢长大成人之后，能坦诚为我们指出优缺点的人会越来越少。这就要靠自己去发掘、认识自己，并且能逐渐克服缺点、发扬优点。

在一般情况下，当别人对自己有批评意见时，绝不会当面说出。至于自己的朋友，因存在着彼此信赖的关系，他们会直接地、毫无顾忌地指出你的缺点。若有人指出你过去从没发现的缺点，你会有什么感觉？也许有些人会产生很强烈的反感。但如果对方是你尊敬而又信任的人，你可能会被他的诚恳和关心而感动。当然，如果对方所说的并非如此，倒也没什么影响，但如果他指出的确是事实，那你对他的敬意和信任就会加深。相反的，对于自己已经知道的短处，再被人明说出来，则会产生反感，甚至气愤。如果你想成为一个成功的管理者，你必须要努力克服自己这个心理，才能心平气和地、冷静地面对批评和指责，找到正确的解决方法，而不是彼此互相指责和埋怨。

生活中懂得利用朋友的批评和力量的例子非常多。一个小女孩跟着妈妈到杂货店去买东西，那家店的老板看见这个小女孩很可爱，便让自己的儿子抓一把糖果给这个女孩，但是老板家的男孩听了父亲的话后还是站着不动，于是老板就亲自动手，打开了糖果罐子，抓了一大把糖果放进了女孩的口袋里。等母女俩走后，老板很好奇地问自己的儿子："为什么你不去抓糖果，而要我去抓呢？"男孩回答说："因为我的手小而你的手大，你可以抓得比我多呀！"

凡事不能只靠自己的力量，学会适时地去依靠、借用别人的力量，这不仅是一种谦卑，更是一种聪明。同样的，懂得利用朋友的忠言，改正自己身上的缺点，而不是光依靠自己微薄的力量去解决所有问题，这也是聪明人的表现。如果你形成了向朋友请教的好习惯，一定要坚持下去，否则只会让你的朋友觉得你不重视他的意见，你也就再也得不到好的建议了。

04 让自己时刻充满希望

在困境中忍耐着、坚持着，当走过黑暗与苦难的长长隧道后，你或许会惊奇地发现，平凡如沙粒的你，不知不觉中，已长成了一颗珍珠。

一位心理学家讲述了他所做过的一个试验：将两只大白鼠丢入一个装了水的器皿中，它们会拼命地挣扎求生，一般维持的时间是 8 分钟左右。然后，他在同样的器皿中放入另外两只大白鼠，在它们挣扎了 5 分钟左右的时候，放入一块可以让它们爬出器皿的跳板，这两只大白鼠得以爬出来。若干天后，再将这对大难不死的大白鼠放入同样的器皿，结果真的令人吃惊：两只大白鼠竟然可以坚持 24 分钟——3 倍于一般情况下能够坚持的时间。

这位心理学家总结说：前面的两只大白鼠，因为没有逃生的经验，它们只能凭自己的体力来挣扎求生；而有过逃生经验的大白鼠却多了一种精神的力量，它们相信在某一个时候，一块跳板会救它们出去，这使得它们能够坚持更长的时间。这种精神力量，就是积极的心态，或者说，是对一个好的结果心存希望。出人意料的是，那两只大白鼠没有死，在第24分钟时，这位心理学家看它们实在不行了，就把它们捞上来了。别人问他为什么那样做？他说："因为有积极心态的大白鼠更有价值，更值得活下去。我们人类应该尊重一切希望，哪怕是大白鼠内心的。"

希望就是力量。上苍会更欣赏那些内心总是充满希望的人。30年前，一个年轻人离开故乡，开始创造自己的前途。他动身的第一站，是去拜访本族的族长，请求指点。老族长正在练字，他听说本族有位后辈开始踏上人生的旅途，就写了3个字："不要怕"。然后抬起头来，望着年轻人说："孩子，人生的秘诀只有6个字，今天先告诉你3个，供你半生受用。"30年后，这个年轻人已人到中年，有了一些成就，也添了很多伤心事。归程漫漫，到了家乡，他又去拜访那位族长。他到了族长家里，才知道老人家几年前已经去世，家人取出一个密封的信封对他说："这是族长生前留给你的，他说有一天你会再来。"还乡的游子这才想起来，30年前他在这里听到人生的一半秘诀，拆开信封，里面赫然又是3个大字："不要悔。"

中年以前不要怕，中年以后不要悔。"不要怕"这三个字虽然简单，实际上能够真正做到却并不容易。不要怕失败，不要怕遭到嘲笑，你告诉自己，你就是最好的。一个小男孩几乎认为自己是世界上最不幸的孩子，因为患脊髓灰质炎而留下了瘸腿和参差不齐且突出的牙齿。他很少与同学们做游戏或玩耍，老师叫他回答问题时，他也总是低着头一言不发。在一个平常的春天，小男孩的父亲从邻居家讨了一些树苗，他想把它们栽在房前。他叫他的孩子们每人栽一棵。父亲对孩子们说："谁栽的树苗长得最好，就给谁买一件最喜欢的礼物。"小男孩也想得到父亲的礼物，但看到兄妹们蹦蹦跳跳提水浇树的身影，萌生出一种阴冷的想法：希望自己栽的那棵树早点死去。因此浇过一两次水后，再也没去搭理它。几天后，小男孩再去看他种的那棵树时，惊奇地发现它不仅没有枯萎，还长出了几片新叶子，与兄妹们种的树相比，显得更嫩绿，更有生气。父亲兑现了他的诺言，为小男孩买了一件他最喜欢的礼物，并对他说，从他栽的树来看，他长大后一定能成为一名出色的植物学家。从那以后，小男孩慢慢地变得乐观向上起来。一天晚上，小男孩躺在床上睡不着，看着窗外那明亮皎洁的月光，忽然想起生物老师曾说过的话："植物一般都在晚上生长，何不去看看自己种的那颗小树？"当他轻手轻脚地来到院子里时，却看见父亲用勺子在向自己栽种的那棵树下泼洒着什么。顿时，一切他都明白了，原来父亲一直在偷偷地为自己栽种的那颗小树施肥！他返回房间，任凭泪水肆意地奔流……几十年过去了，那个瘸腿的小男孩虽然没有成为一名植物学家，却成为了美国总统，他的名字叫富兰克林·罗斯福。爱是生命中最好的养料，哪怕只是一勺清水，也能使生命之树苗壮成长。也许那树是那样的平凡、不起眼；也许那树是如此的瘦小，甚至还有些枯萎，但只要有养料的浇灌，它就能长得枝繁叶茂，甚至长成参天大树。

去过庙的人都知道，一进庙门，首先是弥勒佛，笑脸迎客，而在他的北面，则是黑脸的韦陀。相传在很久以前，他们并不在同一个庙里，而是分别掌管不同的庙。弥勒佛热情快乐，所以来的人非常多，但他什么都不在乎，丢三落四，没有好好地管理账务，所以依然入不敷出。而韦陀虽然管账是一把好手，但成天阴着个脸，太过严肃，搞得人越来越少，最后香火断绝。佛祖在查香火的时候发现了这个问题，就将他们俩放在同一个庙里，由弥勒佛负责公关，笑迎八方客，于是香火大旺。而韦陀铁面无私，锱铢必较，则让他负责财务，严格把关。在两人的分工合作中，庙里一派欣欣向荣的景象。正如武功高手，不需要名贵宝剑，摘花飞叶即可伤人，关键看如何运用。这里所蕴含的哲理就是：我们每个人身上都有自己闪光的地方，把握住这些闪光点，发挥自己的特长，并始终坚信自己是最好的！

如果你觉得平庸的自己不可能成为万众赞叹的对象，那你就错了。看看用脚画画的杜兹纳是怎样成功的。法国名画家纪雷有一天参加一个宴会，会上有个身材矮小的人走到他面前，向他深深一鞠躬，请求做他的徒弟。纪雷朝那人看了一眼，发现他是个缺了两只手臂的残废人，就婉转地拒绝他，并说："我想你画画恐怕不太方便吧。"可是那个人并不在意，立刻说："不，我虽然没有手，但是还有两只脚。"说着，便请主人拿来纸和笔，坐在地上，就用脚趾头夹着笔画了起来。他虽然是用脚画画，但是画得很好，可见是下过一番苦功的。在场的客人，包括纪雷在内，都被他的精神所感动。纪雷很高兴，马上收他为徒。这个矮个子自从拜纪雷为师之后，更加用心学习，没几年的工夫便名扬天下，他就是有名的无臂画家杜兹纳。没有手竟然能成为画家，不是很不可思议吗？这个故事告诉我们：只要有排除万难的毅力和恒心,你就能创造奇迹,做到别人做不到的事情。

人的潜能是无穷无尽的,有的时候你认为自己已经不行了,反而是潜能即将得到开发的时候。希望就是力量,如果你觉得你是英雄,你在别人的眼里,可能真的就是。如果你相信自己是英雄,有了坚定的信心,有了超然的勇气,你已经成功了一半;若能再加上持之以恒的坚持和钻研,相信成功就会向你招手。当然,有很大的勇气和力量,还要懂得运用智慧和谋略,才能做大事、成大器,因为做事情若只靠蛮力,而不懂得运用技巧,效果就会大打折扣。所以,要想把事情做好,就必须善用你的头脑。

05 给自己一个成功的理由

朋友,给自己一个成功的理由,你的路就会越走越宽。

每年都会听到有很多朋友不远千里,登上了世界最高峰珠穆朗玛峰。攀登心中向往的高峰,是一件非常值得自豪的事情,而登上巅峰的幸福和成就感,则是无法言喻的。可是朋友们都不会忘记在攀登过程中遇到的艰难险阻,这些经历虽然痛苦,但是已经成为成功的回忆。懂得用宽广的心态包容世界,是成功的前提。

我在美国读书时,我的室友是日本人,她们家世代采珠,她有一颗珍珠是她的母亲在她离开日本赴美求学时给她的。在她离家前,她的母亲郑重地把她叫到一旁,给她这颗珍珠,告诉她说:"当女工把沙子放进蚌的壳内时,蚌觉得非常不舒服,但是又无力把沙子吐出去，所以蚌面临两个选择：一是抱怨，让自己的日子很不好过；另一个是想办法把这粒沙子同化，使它跟自己和平共处。于是蚌开始把它的精力营养分一部分去把沙子包起来。

"当沙子裹上蚌的外衣时，蚌就觉得它是自己的一部分，不再是异物了。沙子裹上的蚌成分越多，蚌越把它当作自己，就越能心平气和地和沙子相处。"蚌并没有大脑，它是无脊椎动物，在演化的层次上很低，但是连一个没有大脑的低等动物都知道要想办法去适应一个自己无法改变的环境，那么，凭借人的智慧，怎么不能把一个令自己不愉快的异己，转变为自己可以忍受的一部分呢？

珍珠的故事我听过很多，但是很少是从蚌的观点来看逆境的。人生总有很多不如意的事，如何包容它，把它同化，纳入自己的体系，使自己的日子可以过下去，恐怕是现代人最需要学的一件事。尼布尔有一句有名的祈祷词说："上帝，请赐给我们胸襟和雅量，让我们平心静气地，去接受不可改变的事情；请赐给我们勇气，去改变可以改变的事情；请赐给我们智慧，去区分什么是可以改变的，什么是不可以改变的。"我们凭什么一有挫折便怨天尤人，跟自己过不去呢？打牌时，拿到什么牌不重要，如何把手中的牌打好才是最重要的。凡事固然要讲求操之在己，但是在没有主控权的事上，是否也应该学习蚌，使自己的日子好过一些呢？

有个叫阿巴格的人生活在内蒙古草原上。有一次，年少阿巴格和他爸爸在草原上迷了路，阿巴格又累又怕，到最后快走不动了。爸爸就从兜里掏出5枚硬币，把一枚硬币埋在草地里，把其余 4 枚放在阿巴格的手上，说："人生有 5 枚金币，童年、少年、青年、中年、老年各有一枚，你现在才用了一枚，就是埋在草地里的那一枚，你不能把 5 枚都扔在草原里，你要一点一点地用，每一次都用出不同来，这样才不枉人生一世。今天我们一定要走出草原，你将来也一定要走出草原。世界很大，人活着，就要多走些地方，多看看，不要让你的金币没有用就扔掉。"在父亲的鼓励下，那天阿巴格走出了草原。长大后，阿巴格离开了家乡，成为一名优秀的船长。

伟大的企业管理者杰克·韦尔奇，是怎样创造成功、创造奇迹的？他是怎样攀登心中的高峰的？通用公司总裁杰克·韦尔奇就是一个变化大师。他从不坐着不动，他所领导的企业也一样。《华尔街日报》说："韦尔奇可以花一天时间参观一家工厂，跳上一架飞机，小睡几个钟头，然后再重新开始工作；在这段时间，他也许会停在爱达荷的太阳巷，就像他自己所说的那样，'疯狂地滑五天的雪'。"

充沛的精力是做重大工作的必备条件。若认为杰克·韦尔奇成功的秘密只在于工作量，这就理解错了。精力充沛的意思并非跑得更快或是工作更努力。每一个人都可以一天工作 16 个小时，这个世界上充满了努力工作，为了目前工作而置未来的健康和家庭生活于不顾的主管。但如何分配时间和如何激励别人是更为重要的。数量不再是竞争的优势，质量才是最重要的。把效率提高到最大，比把工时拖到最长要好得多。灰岭管理学院的菲尔·贺格森估计，传统的经理人大约只用到他们真正能力的 40%。他们花 10% 的时间非常有效率地做重要的事，用 30% 的时间取得可靠性，以使那 10% 确实有效。剩下的时间都花在做不重要的或未必会产生他们所期待的结果的事情上。经常和集中做重要的事才是聪明地工作，杰克·韦尔奇正是这样。杰克·韦尔奇式聪明地工作的特点是：每一天都不一样，每一天都是挑战。杰克·韦尔奇喜欢问："谁没新点子了？"他常说："如果你从来没有过新点子，不如辞职。我们每天起床，都有一大堆的机会。如果你经营一家资产达700亿美元的公司，你会做很多的错事，而可以加以改善的事情简直是不计其数。我们要改善的事情随着时间愈来愈多，而不会减少。"以这种非常积极的态度来看，什么事都可以改善和解决，而且这种态度确实有效。剥掉外层，领导人必须不断地向更深处挖掘。他们必须剥掉外层而寻求问题的本质。主管要不断找问题来解决，然后再寻找另外一个问题。杰克·韦尔奇受过工程师的训练，他具有打破沙锅问到底的精神。无论什么事情，他都希望看到外表下的真相！

热爱你的工作、热爱你的职业、热爱你的事业！如果你真的觉得你的工作很重要，这对你的工作是有帮助的。你的工作必须让你感到重要，否则为什么杰克·韦尔奇在做过三次手术之后还要继续替通用工作？为什么艾斯纳在心脏病发作之后还要继续主管迪斯尼？对于这些领导者而言，金钱的激励是有限的。亿万富翁不太关心薪水是否会准时入账，并非他们认为金钱的报酬不重要，只是其眼界已经超越了狭隘的金钱。杰克·韦尔奇有一次说："我花了足够多的钟头才把这件事做好。"他不是那些不断号称每天工作23小时，只睡5秒钟的主管。

这里再提醒大家信念的作用。两个和尚，因为拥有不同的信念，结果得到不同的回报。从前有两个和尚，一个很有钱，每天过着舒舒服服的日子；另一个很穷，每天除了念经时间之外，就得到外面去化缘，日子过得非常艰苦。有一天，穷和尚对有钱的和尚说："我很想到印度去拜佛，求取佛经，你看如何？"有钱的和尚说："路途那么遥远，你要怎么去？"穷和尚说："我只有一个钵、一个水瓶、两条腿就够了。"有钱的和尚听了哈哈大笑，说："我想去印度也想了好几年，一直没成行的原因是旅费不够。我的条件比你好，我都去不成了，你又怎么去得成？"过了一年，穷和尚从印度回来，还带了一本印度的佛经送给有钱的和尚。有钱和尚看他果真实现愿望，惭愧得面红耳赤，一句话也说不出来。

俗话说："世上无难事，只怕有心人。"意思是说只要下定决心，有恒心、有毅力，那么世上再难的事也会变得容易了。穷和尚虽然没有钱，坐不起车船，但是因为他有坚强的毅力，才能跋涉遥远的路途，实现愿望。

多年以来，我处于一种迷惘的状态。但是一次学习点醒了我。讲台上，老师对一位女士说："你能不能做 200 个俯卧撑？"女士回答："做不到。""给钱。""也做不到。""那么你听好了"，老师郑重地说："如果我现在是一个强盗，你做不了 200 个俯卧撑，我就杀掉你儿子。想一想，想好了再回答。"女士想了一下，咬咬牙说："能。"我突然明白了，多年来我缺少一个理由，一个成功的理由。从此之后，我开始走上了一条理性之路。朋友，给自己一个成功的理由，你的路就会越走越宽。

所以，成功不是你想不想，也绝不是你要不要，而是你必须做的。为了责任，去努力，去奋斗，直至成功。这绝对不会比直面非典疫情更难。做一个精彩的自己，你会发现生活只是一种形式，每个人都有自己不同的选择。但不知大家是否思考过，人生的意义究竟是什么？每个人的出生和死亡都是相同的赤裸裸的来、赤裸裸的去。唯一不同的，只是一个过程。大多数人每天重复自己的生活：上班、吃饭、上班、吃饭、睡觉、上班，等等，如此往复。而这种循环一旦被打破，其生活就将陷入一个僵局。如此一个生活的过程，你满意吗？每天进步一点点，哪怕是百分之一，你一年就会成长 3.65 倍。只要你不断进取、不断努力，不断地发挥你的潜能，你就一定能够活出一个最精彩的自己。

每一个人都希望成功，而在这个世界上，真正意义上的成功者却很少。为什么呢？这个世界真的很公平，你要得到一些东西，就必须舍弃另一些东西。所谓"舍得"，说的也就是先有舍后有得。如果你想成为一个成功者，你就必须放弃一些平凡人所拥有的快乐。例如打麻将、闲聊，看一些无聊的电视剧。而又必须承受一些平凡人不愿承受的痛苦。比如，寂寞，孤独，不被人理解。这就是很多人不能成功的原因，不愿放弃快乐和承受痛苦。

具有强烈的成功欲望的人，他们清楚地知道：只有成功，才能真正地解除他们的痛苦和得到他们所要的快乐，所以他们一定要成功。而他们更清楚地知道，在成功的道路上有些东西是必须放弃和承受的，所以他们愿意。成功者之所以会成功，自然有着许多方面的原因。但其中很重要的原因之一，就是因为他们坚决地认定：我要，我愿意，勇于冒险。有一位哲人说："快乐就是拥有梦想，成功就是梦想成真。"我相当喜爱的一句励志话就是："事到难时需放胆，局将全胜要留神。"我认识许多朋友，他们有的都是匹夫之勇，有勇无谋，经常勇于开始，但一遇到困难，便很容易放弃，所以事业难以有大成就。我认识一些朋友，恃才傲物，所以导致一子投错，满盘皆输。遇到困难放胆去干，为目标而奋斗，直至大局似乎已定，仍须慎防有变，多留神。这实在是为人处事的好建议。提到勇气，令我想起詹姆斯·柯贝特先生所说的话，这番话是保险巨人卡尔·巴哈先生的座右铭，是他动力的源泉。他说："再打一个回合，你已累得双足发软，连走路的气力都没有了。再打一个回合，你已累得手都抬不起来抵抗对方的攻击了。再打一个回合，你的鼻子已在流血，眼睛已经被打得发青，你已经太累，恨不得对方给你一拳猛击，让你倒在地上睡一大觉。再打一个回合。记住，能够再打一个回合的人，是永远不会失败的。"外国有一句格言说："成功者永不放弃，放弃者永不成功。"我相信有一定的道理。要挫而不折，屡败屡战，而且愈战愈勇，相信除了要凭一己的斗志与信念，还有一些技巧及原则可供参考。研究自我形象的专家马兹博士，在一篇文章中谈到五项"挫折"的讯号及处理技巧，相信依建议去做，能够维持心理健康，甚至反败为胜，成为生命的赢家，也未可料。

我们不能在下决心之前烦恼，下了决心之后依然烦恼不已。我们下决心之前，表示焦虑。例如一个问题有五种解决方法，我们选择该走哪一条路，这时的焦虑是有创意的。可是，一旦选定方向，就应以往日成功的经验作为带引，若是靠过去的失败经验引导，就自己创造了挫折感。我们不能为今天焦急烦恼，也不能为昨天和明天烦恼，应只想今天，视每天为完整的生命。

昨天不再存在，明天只是另一个今天。

我们一次想做太多的事情。怎么消除这种压力？学习一次只做一件事，就可令自己减压。我们一天 24 小时中，一步不停地在和问题搏斗。处理技巧是：要是不能将问题解决，留到第二天再说，睡过一夜再说，睡眠时回想成功经验。1979 年 12 月，洛伦兹在华盛顿美国科学促进会的一次讲演中指出："一只蝴蝶在巴西扇动翅膀，有可能会在美国的德克萨斯引起一场龙卷风。"他的演讲和结论给人们留下了极其深刻的印象。蝴蝶效应之所以令人着迷、令人激动、发人深省，不但在于其大胆的想象力和迷人的美学色彩，更在于其深刻的科学内涵和内在的哲学魅力。从科学的角度来看，蝴蝶效应反映了混沌运动的一个重要特征：系统的长期行为对初始条件的敏感依赖性。

我们可以用在西方流传的一首民谣对此作形象的说明。这首民谣说：

丢失一个钉子，坏了一只蹄铁；

坏了一只蹄铁，折了一匹战马；

折了一匹战马，伤了一位骑士；

伤了一位骑士，输了一场战斗；

输了一场战斗，亡了一个帝国。

马蹄铁上的一个钉子是否会丢失，本是初始条件的十分微小的变化，但其长期效应却是一个帝国存与亡的根本差别。这就是军事和政治领域中所谓的蝴蝶效应。似乎有点不可思议，但是确实能够造成这样的恶果。一个明智的领导人一定要防微杜渐，看似一些极微小的事情，却有可能造成集体内部的分崩离析，那时岂不是悔之晚矣？横过深谷的吊桥，常从一根细线拴个小石头开始。在你攀登人生的高峰时，能够忽略"蝴蝶效应"吗？看看你鞋子里的小沙粒，它们极有可能让你失去攀登的动力，把你的脚磨破。所以，不要觉得自己的能力不够，也许阻碍你前进的，只是你意想不到的一点点小问题。

第二章

改变自己，先了解自己

改变自己并不是简简单单的四个字，它关系到你未来的成败。这就需要你对自己有一个非常清楚的了解，只有这样，你对自己能力的拿捏才有一个分寸，做起事情来才能游刃有余。

01 你了解自己吗?

当我们在生活中迷茫的时候,我们首先做的不应当是讨论生活本身的公平与否,讨论自己的机遇好坏与否,这个时候最应当做的是研究自己,从而认识自己,真正了解自己的内心世界,了解自己的信念并且坚定自己的信念。

毫无疑问,研究自己的目的就是更清楚地认识自己,找到与自己的素质相对应的目标,凭着自己素质上的信号找到这一目标后,才能攻其一点,攻出成果,由此及彼,不断扩大。认识你自己,找到最适合你的位置,开发属于你的领域,这是走向成功的一条捷径。

专家研究显示,人的智商、天赋没有太大的差距。或许你在某一方面有优势,但不一定在别的方面能够赢过人家。有优势的同时就会存在劣势。

其实,每个人都具有自己的某种优势,都有适合自己的工作、事业。同时,人不是完人,不可能在每个领域都十分突出,有时候甚至缺陷十分明显。不同的人,生理素质、心理特点、智能结构等必然千差万别。有的多条理,善于分析;有的多灵气,富有幻想;有的擅巧计,能于谋略;有的富形相,善于表演。只要比较准确或大致对应地找到自己的目标或方向,他的机遇就或早或晚、或近或远地存在于这个方向的轨迹上。

有的人在未发现自己的才能时,往往不能把握自己的长处,学无成就,做无成果。这可能是因环境条件或形势迫使而不能显示自己的才能，如同黑夜行路，坎坎坷坷。

客观地认识你自己，知道你自己的长处，找到自己的发展方向，走一条适合自己的路，这对于你的成功，有着事半功倍的效果。相反，如果你在一个不擅长的方面辛苦拼搏，成效可能不会很大，甚至劳而无功。

《达尔文自传》表明，正因为他对自己的深刻认识，才使他把握住自己的素质特点，扬长避短，做出了突破性的成就。他十分谦逊而自信地谈到自己："热爱科学，对任何问题都不假思索、锲而不舍，勤于观察和收集事实材料，还有那么点儿健全的思想。"但又认为自己的才能很平凡："我的记忆范围很广，但是比较模糊。""我在想象上并不出众，也谈不上机智。因此，我是蹩脚的评论家。"他还对自己不能自如地用语言表达思想深感不满："我很难明晰而又简洁地表达自己的思想……我的智能有一个不可救药的弱点，使我对自己的见解和假说的原始表述不是错误，就是不通畅。"

伟大的马克思有许多天赋，但他在写给燕妮许多诗后，发现自己并不具备杰出的诗才，并作了深刻的自我剖析："模糊而不成形的感情，不自然，纯粹是从脑子里虚构出来的。现实和理想之间的完全对立，修辞上的斟酌代替了诗的意境。"

作家朱自清也曾分析过自己缺乏小说才能的短处，在散文集《背影》的自序中说："我写过诗，写过小说，写过散文。25岁以前，喜欢写诗，近几年诗情枯竭，搁笔已久……我觉得小说非常难写，不用说长篇，就是短篇，那种经济的、严密的结构，我一辈子也写不出来。我不知道怎样处置我的材料，使它们各得其所。至于戏剧，我更始终不敢染指。我所写的大抵还是散文多。"

所以说客观公正地认识自己，才能扬长避短，充分发挥出自己的潜能。

02 了解自己，再改变自己

生活中很多人都不能正确地认识自己，经受一些挫折、一点打击，就悲观失望、垂头丧气、怨天尤人、惊惶失措，甚至因为不能正确地认识自己，在极度悲观中绝望轻生，这样的例子，古今中外，不胜枚举。

让我们看一看梵高吧！

文森特·威廉·梵高是荷兰梵高家族的一分子，他的家族是几乎垄断了荷兰美术市场的画商，他的父亲是一个小镇受人敬重的牧师，而他最初的愿望就是能够做一个很好的布道者，能够为人们传播福音。

他在叔叔的一个画店里工作，这样他可以挣钱养活自己，他甚至很可能成为他叔叔的继承人来继承一大笔财产，而他却放弃了这里，选择了离开。

1869 年，梵高跟随欧洲一个有名的艺术品商人哥比尔开始经商，而那时的梵高由于年龄小，脾气暴躁，在推销艺术品时，经常和雇主争吵，于是被哥比尔解雇了。

梵高来到英国，在伦敦一家规模很小的寄宿学校教法文。由于他没有及时收缴贫穷学生的学费，受到牧师的责骂，离开了寄宿学校。

1881 年，28 岁的梵高成为一个世界上最孤独的人。也就是这时，他开始画画了，他画了一张又一张比利时矿工的素描。他基本上不懂绘画技法，当然也没有人来买他画的画。

1886年2月，梵高前往巴黎与弟弟提奥同住。提奥在当时已是小有名气的画商了，他十分推崇印象派和新印象派、后印象派画家。在弟弟的介绍下，梵高结识了高更、贝尔纳、劳特累克、毕沙罗、修拉等画家。这一时期的梵高深受印象派绘画的影响，画面变得明亮清新，并运用了如点彩法等一些印象派技法。同时，他也开始了著名的自画像的创作。

1888年初，35岁的梵高厌倦了巴黎的城市生活，来到法国南部小城阿尔寻找他向往的灿烂的阳光和无垠的农田，他租下了"黄房子"，准备建立"画家之家"。他的创作也进入了巅峰。《向日葵》《夜间咖啡座——室外》《夜间咖啡座——室内》都是这一时期的代表作。但他依然只能靠弟弟提奥的资助生活。

在对绘画这一职业的追求中，如果得不到别人的赞许和认同是很难支撑下去的，但是他得到更多的是打击，在梵高最艰苦的阶段，他每个月的最后几天都躺在床上，以此来化解饥饿的威胁，我们可以想像这种生命的历程是多么让人心酸。

当时，上流社会的绅士们需要的是一些精致的小肖像画，或者是完美的风景画。他们喜欢忧伤的油画。

一次，一位上流社会的少妇看到梵高的油画，很轻蔑地说："我很高兴把这种东西称作艺术。"面对莫名其妙的嘲讽，梵高从没有消沉过，他不会放弃自己的艺术追求。

37岁时，梵高画出了圣莱米痛苦的疯子。

然而，梵高的画在当时却无法得到上流社会和收藏家的青睐，他的画作在那些人眼中就像废纸一样一文不值。一次次的失败和打击，梵高渐渐变得孤独起来。他觉得自己是一个真正的失败者，他开始颓废、失望甚至绝望。

他疲惫了、厌倦了，再也没有勇气面对生活给他的所有折磨和苦难，他决定离开这个嘲弄他的可悲的世界。于是，梵高用手枪结束了自己的生命。

一次又一次的失败和打击，使梵高无法正确地认识自己，他在失败面前退缩了，以致没有生活下去的信心和勇气。

梵高自杀后，在他身上发现了一封信，信中写道："说到我的事业，我为它豁出了我的生命，因为它，我的理智已近乎崩溃。"

1914年，梵高书信集出版，梵高的一生渐渐被全世界的人所知。

1934年，《渴望生活——梵高传》出版，梵高的故事感动着全世界的人。

今天，梵高已成为举世闻名的艺术大师。

可惜他自己已经无法得知了。

其实，生命的逝去并不足以让人变得崇高，只能给活着的人以痛苦或者惋惜。无论生活是幸运还是不幸，我们都应该乐于看到它，这是生活的真实体现，是生的证明，是自己存在的一种体验。生命是不堪追问的，我们也无法预言每一个下一刻会得到什么，因为每个人都知道，我们只不过在探索生命的意义，释放我们自己的能量。

梵高经历了那么多磨砺，他的作品就是他的肉体和灵魂，为了它，他甘愿冒失去生命和理智的危险。然而他还是没有真正认识自己的价值，对自己缺乏信心，认为自己始终就是一个失败者，经历了太久的跋涉，无法继续承受失败的打击，决然离去。如果他能对自己有个正确的认识和判断，能够肯定自己存在的意义，再坚韧一些，那么他自己的世界就会更精彩，也会给整个世界带来更多的惊喜。

只要我们能够真正认识自己，并且有改变自己的勇气，就像一艘即将抵达彼岸的船舶，挫折是船舶的压舱之物，在狂风暴雨中加大前进的马力，厄运也会助你一臂之力，最终抵达成功的彼岸。

03 知道自己真正想要的是什么

有一个25岁的小伙子，因为对自己的工作不满意，他跑来向柯维咨询。他的生活目标是：找一个称心如意的工作，改善自己的生活处境。他生活的动机似乎不全是出自私心，而且是完全有价值的。

"那么，你到底想做点什么呢？"柯维问。

"我也说不太清楚，"年轻人犹豫不决地说，"我还从没有考虑过这个问题。我只知道我的目标不是现在这个样子。"

"那么你的爱好和特长是什么呢？"柯维接着问，"对于你来说，最重要的是什么？""我也不知道，"年轻人回答说，"这一点我也没有仔细考虑过。"

"如果让你选择，你想做什么呢？你真正想做的是什么？"柯维对这个话题穷追不舍。

"我真的说不准，"年轻人困惑地说，"我真的不知道我究竟喜欢什么，我从没有仔细考虑这个问题，我想我确实应该好好考虑考虑了。"

"那么，你看看这里吧，"柯维说，"你想离开你现在所在的位置，到其他地方去。但是，你不知道你想去哪里。你不知道你喜欢做什么，也不知道你到底能做什么。如果你真的想做点什么的话，那么，现在你必须拿定主意。"

柯维和年轻人一起进行了彻底的分析。柯维对这个年轻人的能力进行了测试，他发现这个年轻人对自己所具备的才能并不了解。柯维知道，对每一个人来说，前进的动力是不可缺少的，因此，他教给年轻人培养信心的技巧。现在，这位年轻人已经满怀信心地踏上了成功的征途。现在，他已经知道他到底想干什么，知道他应该怎么做。他懂得怎样做才能事半功倍，他期待着收获，他也一定能获得成功——因为没有什么困难能挡住他前进的脚步。

许多人之所以在生活中一事无成，最根本的原因在于他们不知道自己到底要做什么。

在生活和工作中，明确自己的目标和方向是非常必要的。只有在知道你的目标是什么、你到底想做什么之后，你才能够达到自己的目的，你的梦想才会变成现实。

04 取得成功的条件

一个人若想要取得成功，就要做到认识自我，了解社会。

1. 认识自我

一个人要成功，一个非常关键的环节就是他对自己的认识是否到位、是否准确。"我是谁？"这个问题看似简单，却又最难搞懂，不少人由于受到社会环境、家庭因素、成长经历的影响，在生活中的性格既让人家迷惑不解，也使自己揣摩不透。认识自己、了解自己、发展自己已经成为人生需面临的迫切问题之一。实际上人最难了解的就是自己，自我了解、自我评价，能够给自己一个恰当的判断，这需要一种智慧。一个人要成功，如果说他连自己都不了解，就会盲目地去效仿别人。这样不仅学不会别人的东西，反而很容易把自己原本的东西给丢掉了，结果是非常不利的。一个人要成功，就必须从认识自我、了解自我、分析自我开始。

认识自我，是每个人自信的基础与根源。即使你处境不利、遇事不顺，但只要你的潜能和独特的个性依然存在，你就可以坚信：我能行，我能成功！认识自我，你就会发现其实自己也是一座金矿，你就一定能够在自己的人生中展现出应有的风采，善于了解自己的情绪并将它调整到一个最佳状态，调谐或顺从他人的情绪基调，轻而易举地将他人的情绪纳入自己的主航道，这样，在和他人的交往和沟通中将会感觉到轻松愉悦。古希腊哲学家苏格拉底曾提出一个著名的命题——"认识你自己"，他认为人之所以能够认识自己，在于其对待事物的理性态度，而认识自己的目的在于更真实和更高层次地了解自己。"认识你自己"还被刻在古希腊阿波罗神殿的石柱上，与之相对的石柱上刻着另一句箴言"毋过"，这两句名言作为象征最高智慧的"阿波罗神谕"，告诫我们应该有自知之明，不要做超出自己能力之外的事。在我国，老子曾说过"知人者智，自知者明"；大军事家孙子则有"知己知彼，百战不殆"的名言传世。

改变他人不如改变自己

　　现代社会的一个突出的特征就是延伸出无穷多的人生领域，且每个领域皆散发着强烈的诱人气息。在这个时候我们若把持不住，什么都想去尝试一番，并且试图都想获得成功，那么，就必然会陷入人生的窘境之中，结果可能一事无成，而且，我们也会陷入极度的疲惫之中。成功人生的一个非常重要的准则就是：不好高骛远，要善于在人生中自我定位，要尽早察觉自己的长处与短处、优点与缺陷，从而比较准确地了解和掌握自己最擅长的领域，在进入社会的起始阶段时就能够确定最佳位置。其基本原则是：只投入到自己最擅长的领域之中，把人生定位在最有前途的地方，只在最能发挥自己长处的方向投入最多的时间和精力。

　　因此，一个有智慧的人，应该要学会收缩自己的领域，在自己最擅长的方面狠下功夫。这虽然不那么浪漫、不那么激动人心、不那么辉煌，但却是脚踏实地，一步一个脚印，最有可能获得成功，而且在生活中也可以相对地感到轻松和愉快。

　　世界顶尖级科幻小说作家艾萨克·阿西莫夫，曾从事生物化学研究和教学，在教学和研究中，他发现自己有创作科幻小说的天赋，于是他对自己做出了冷静客观的分析："我不大可能成为第一流的科学家，但我可能成为第一流的科幻小说家。"阿西莫夫毅然告别了大学课堂的实验室，回到家里，专门从事写作工作。阿西莫夫这一聪明的放弃，成就了他一生创作480部科幻著作的辉煌业绩，也为他赢得了世界上最负盛名的科幻小说家的荣誉。

　　著名物理学家爱因斯坦在20世纪30年代曾收到以色列当局的一封信，信中恳请他去当以色列总统。爱因斯坦是犹太人，若能当上以色列总统，在一般人看来，自然是荣幸之至了。但出乎人们意料的是，爱因斯坦竟然拒绝了。他说："我的一生都在同客观物质打交道，既缺乏天生的才智，也缺乏经验来处理行政事务以及公正地对待别人，所以，本人不适合担任如此高官。"

大文豪马克·吐温也曾经经商，第一次他从事打字机的投资，因受人欺骗，赔进去19万美元；第二次办出版公司，因为是外行，不懂经营，又赔了近10万美元。不仅自己多年用心血换来的稿费赔了个精光，还欠了一屁股债。马克·吐温的妻子奥莉姬深知丈夫缺乏经商的本事，却有文学上的天赋，便帮助他鼓起勇气，振作精神，重走创作之路。终于，马克·吐温很快摆脱了失败的痛苦，在文学创作上建立了辉煌的业绩。

人生的诀窍就是发现自己的优势、经营自己的长处。这是因为经营自己的长处能给你的人生增值，经营自己的短处会使你的人生贬值。富兰克林说："宝贝放错了地方便是废物。"一个人如果站错了位置，用他的短处而不是长处来谋生，那将会异常艰难，甚至可以说是可怕的，他可能会在永久的卑微和失意中沉沦下去。对自己的优势和长处保持兴趣相当重要，它们可能是你改变命运的宝贵财富。选择职业同样也是这个道理，你应该选择最能使你全力以赴，最能使你的品格和优势得到充分发挥的职业。把自己安排在合适的位置上，经营出有声有色的成功人生。

社会心理学家研究发现，善于给自己的生活做出计划的人往往比较勤奋、进取，擅长理性思考，对生命成长的每一个阶段都能谨慎把握，一般都能主宰自己的命运，成功也就自然和他们有缘。但是，所有的一切都因为你而开始，这足以说明探索自我有多重要。

2. 人生四问

从个人角度讲，人生有限，应该珍惜生命，善待生命，这就意味着踏实本分地为人处世，不虚度年华，这就要好好规划一下自我职业发展的道路。在人的一生中，掐头去尾，实际工作时间只有 30 年左右，在这段时期内，谁都希望能干成几件事，不至于"少壮不努力，老大徒伤悲"。职业选择是为了寻找一个最适合自己的岗位，从而发挥自我价值，有所作为，因此，在职业选择时一定要慎重、认真，本着对自我发展负责的态度，不高估，也不低看自己，确定自己的努力方向和领域。一旦确定工作就要认真干一段时间，争取早点干出成效来，以作为个人能力的证明。靳羽西，著名美籍华人，她曾经得到过联合国以及一些国际组织的特殊表彰，她说一个人要想成功，首先要自我四问。

第一问：有没有才华来做这件事？

做事情是要有才华和特长的，必须自身具有一种特定的条件。靳羽西当时举了一个例子，她说："实际上我很佩服麦当娜，我也很想做麦当娜，但是后来一想，我有当麦当娜的条件吗？没有。我也想当乔丹，当一名篮球巨星，但是我知道我没有这个条件。"她说："做一件事情，或者成就一番事业，首先一定要问自己有没有条件做这件事，否则不要轻易动手。"

进化论的发现者、创立者，著名学者达尔文，他在自传里面这样写道："据我自己分析，尽管我很喜欢小说，但是我写文章不行，可是我想要成就一番事业，我就应该找到我自己的长处，但是我的特长在哪儿呢？于是我发现，我的第一个强项是：我非常热爱科学，喜欢把一个问题探究到底，什么问题到我这儿，都不会轻易放过，我一定要探索这是为什么？又为什么？再为什么？我的第二个强项就是我有很强的搜集资料的能力，我对身边的资料特别重视，我会及时整理好那些有用的材料，我总是不断地去搜集它们，并会有效地利用它们。"

就因为这两大特长，达尔文自我认知以后，就开始了对生物学的探索。最后，他成了进化论的创立者，所以讲了解自己是非常重要的。

实际上我们讲一个人成功，一个很重要的原因就是找准人生的方向，并走向成功。著名的文学家朱自清，写过很多脍炙人口的名篇，如《荷塘月色》和《背影》，都写得情真意切，但朱自清的文学创作也有过一个探索过程。朱自清自己说他很喜欢写诗，也曾写过小说，但是后来他发现自己的最强项是写散文。如果他当时没有发现自己的爱好与长处的话，就会虚掷光阴，就不会有他在文学上所取得的那么大的成就。

奥托·瓦拉赫是诺贝尔化学奖获得者，他的成才过程极富传奇色彩。瓦拉赫在开始读中学时，父母为他选择的是一条文学之路，不料一个学期下来，教师为他写下了这样的评语："瓦拉赫很用功，但过分拘泥。这样的人即使有着完美的品德，也绝不可能在文字上发挥出来。"此后，他改学油画，可瓦拉赫既不善于构图，又不会调色，对艺术的理解力也不强，成绩在班上是倒数第一，学校的评语更是令人难以接受："你是绘画艺术方面的不可造就之材。"面对如此"笨拙"的学生，绝大多数老师认为他已成才无望，只有化学老师认为他做事一丝不苟，具备做好化学实验应有的品格，建议他改学化学，父母接受了化学老师的建议。这下，瓦拉赫智慧的火花一下被点着了，文学艺术的"不可造就之材"一下子变成公认的化学方面的"前程远大的高材生"。

瓦拉赫的成功，说明这样一个道理：学生的智能发展都是不均衡的，都有强项和弱项，他们一旦找到自己智能的最佳点，使智能潜力得到充分发挥，便可取得惊人的成绩，这一现象人们称之为"瓦拉赫效应"。

第二问：有没有热情做这件事？

对于你要做的事情你要清楚自己喜不喜欢、爱不爱好，有没有热情去做、愿不愿意为做这件事奉献自己全部的力量，这对于你的选择具有重要的影响。要知道，热情是成功的催化剂。

汤尼是一个刚到伦敦没多久，想在这里干出一番事业的年轻人。但他天真的想法和低落的工作情绪，让他在这里连找好几份工作之后，都不能长时间地干下去，总是没做多久就被老板炒鱿鱼。

于是，备受打击的汤尼决心回到家乡从事卖鱼的老本行，就在他将要离开的时候，意外地得到了一份推销刷子的工作。面对这份来之不易的工作，汤尼感到无比珍惜和兴奋，工作时也比以前更加卖力了，这种高涨的情绪是他从前所没有的，因此他渐渐地爱上了这份工作。在推销的过程中，汤尼经常会与许多客户进行愉快的交谈，他善于交际的特点也日渐在工作中展露出来，许多客户都和他成为了朋友。看到每天不断增长的业绩，汤尼倍受鼓舞，他又把更多的工作热情投入到工作当中。

就这样，几年的时间下来，汤尼的资金越积越多，最后他办起属于自己的一家推销公司，成为英国著名的企业家。

一位名人曾说："只有激情，巨大的激情，才能震撼灵魂，成就伟大的事业。"

成功来自于从工作中找到乐趣，并以加倍的热情投入到工作中去，不管你的工作怎样卑微，你都应当付出百分之百的热情去认真对待它。

热情是成功的动力。我们有许多家长在教育和培养孩子的过程中忽略了一个重要因素，那就是孩子的热情和兴趣，有些孩子，他根本就不愿意学钢琴，但是家长却认为学钢琴能够培养锻炼孩子的气质和艺术才华，于是就逼着孩子去学、去练，这样做是很难培养出真正的优秀音乐家的，只有用其自身的热情去激发孩子学习的动力，发掘他的灵感和悟性，才会产生事半功倍的效果。但是，如果自身条件有所欠缺，却对事物充满热情的话，那么这种自身条件的欠缺，也可能会被热情所弥补。美国著名篮球运动员迈克尔·乔丹，从小就想打篮球，但是他个子不高，读高中时候的乔丹身高才一米八，那根本就不算特别高，因为在美国，高中生里面一米八五以上的人比比皆是。但乔丹就热爱篮球，凭借一股锲而不舍的精神，他不懈地追求着自己的篮球梦想。后来乔丹成功了，奇迹也发生了，乔丹高中毕业以后，身高就一直往上长，一直长到一米九八，最终成为篮球场上一代顶级的高手。

我们国家的乒乓球国手邓亚萍，从小就爱打乒乓球。但是她后来自己回忆，进入乒乓球队的经历坎坷万分，几乎所有的教练都说她不行："邓亚萍，你个儿太矮，腿太短。打乒乓球要求个儿高，只有个子高、手长、腿长，打起球来进攻的可能性才会大，防守的范围也才会广。你绝对不行，还是别来了！"

但邓亚萍怎么办呢？她想方设法说服教练。她说："我认为矮不是一件坏事，反倒是我打乒乓球的一大优势。第一，因为我知道我个子矮，所以我必须用更多的勤奋来弥补我的缺陷；第二，个子矮给我的优势就是，我看所有的球都高，球高我就敢杀，我就敢于进攻！而高个子，一看到那个球那么矮，就不见得敢冲、敢抽、敢杀，而我敢！"最终教练选择了她，邓亚萍最后也成功了，几乎是打遍天下无敌手，成为国人的骄傲。

邓亚萍在求学期间，也是以一股坚忍不拔、执着追求的热情去努力完成学业的。刚到清华大学外语系报到时，指导老师让她一次写完26个英文字母，这在别人眼里看来是再简单不过的事，邓亚萍却费尽心思才把它们写出来。于是，邓亚萍把自己的睡眠时间压缩到最低限度，经常学习到很晚才肯休息，有时，她一边走路一边看书，就连吃饭的时间都用上了。邓亚萍不断要求自己，学习也要和完成体育训练课一样，绝对是今日事今日毕，毫不含糊。邓亚萍这种刻苦学习的精神，让辅导老师和学友都深表叹服。

1998年2月，邓亚萍前往英国剑桥大学学习英语，短短3个月的时间，邓亚萍坚持每天8点从自己的住处赶往学校上课，下午3点半下课后，她还要赶到学院的学习中心去学习，听磁带，练口语，直到晚上8点学习中心关门后才赶回住处。即使回到住处，邓亚萍也从不浪费时间，她坚持用英语和房东交流，坚持按时完成作业和预习功课。在她获得硕士学位后，邓亚萍又动身前往剑桥大学攻读博士学位。长时间固定姿势写稿诱发了邓亚萍的颈椎病，头不能移动，一动就疼得钻心。但是，疼痛并没有把邓亚萍征服，没有打消她学习的热情和动力，她咬紧牙关，以一种固定的姿势坚持查阅资料和写作，最终以优异的成绩完成了她的学业。

这个当年几乎打遍天下无敌手的乒乓球健将，最终凭着一股热情与毅力，在学业上也取得了辉煌的成功。所以热情也能促使人们走向成功。对生活的热情和信心，甚至能够弥补自己身体条件上的缺陷。海伦·凯勒便是当中的典范。

1880 年 6 月 27 日，海伦·凯勒诞生于美国亚拉巴马州北部的一个城镇，她的一生为人们树立了与命运抗争的榜样。

海伦·凯勒是举世敬仰的作家和教育家，尽管命运之神夺走了她的视力和听力，这位弱小女子却用勤奋和坚忍不拔的精神紧紧扼住了命运的喉咙。她的名字已经成为坚忍不拔意志的象征，她传奇的一生已经成为鼓舞人们战胜厄运的巨大精神力量。

在一岁零七个月时，突如其来的猩红热引发的高烧使海伦失明、失聪，成为一个集盲、聋、哑于一身的残疾人。由于聋盲儿童没有获取正确信息的途径，心灵之窗被禁锢，造成她性格乖戾，脾气暴躁。幸好在她 7 岁那年，安妮·莎利文老师来到了海伦的身边，此后的半个世纪一直与海伦朝夕相伴，用爱心和智慧引导她走出无尽的黑暗和孤寂，海伦一生创造的奇迹，都与这位年轻杰出的聋哑儿童教育家密不可分。此后，海伦跟着这位老师坚持学习，并掌握了英语、法语、德语、拉丁语、希腊语等五门语言，一个聋盲人却能掌握五门语言，海伦的成功被称为"教育史上最伟大的成就"。海伦的"哑"是因为丧失听力而造成,声带并没有受损,10岁那年,海伦开始学习说话,因听不到别人和自己的声音,只能用手去感受老师发音时喉咙、嘴唇的运动,然后进行成千上万次的模仿和纠音。当她首次像正常人那样说出"天气真热"这句话时,惊喜之余,她和她的老师都意识到,在她们顽强的毅力面前,再没有克服不了的困难。海伦跟莎利文学习三个月后,就开始尝试用稚嫩的文字表达自己的感受,写出了有生以来的第一封信。从1902年4月开始,她又在莎利文老师的帮助下,开始在美国的一家杂志上连载她的自传《我生活的故事》,第二年结集出版后轰动了美国文坛,甚至被誉为1902年世界文学上最重要的两大贡献之一。她给世界以爱心,世界回报她崇高的荣誉,1919年,海伦的故事被好莱坞搬上银幕,由她本人出任主演。1955年,她荣获哈佛大学的荣誉学位,成为历史上第一个受此殊荣的女性。

从海伦童年时起,每一任美国总统都会邀请她到白宫做客,还被政府评为全美30名为国家作出突出贡献的杰出人士之一,荣获过美国总统亲自颁发的"自由奖",并被誉为美国的高级公民。1959年,联合国在全球发起以她的名字命名的"海伦·凯勒"运动,以资助世界各地的聋盲儿童。同年,美国海外盲人基金会在海伦80岁生日那天,宣布设立"国际海伦·凯勒奖金",以奖励那些为盲人公共事业作出杰出贡献的人。世界上不同肤色、不同制度下的人们都能从海伦的故事中汲取力量、激励斗志,这是因为那种不畏困难、勇于同自身弱点拼搏的精神,始终是人类共同的精神财富。

海伦·凯勒,一个身体存在严重缺陷的人,凭着她那坚强的信念和对生活的无比热爱,终于战胜自己,体现了自身的价值。

可以说海伦的一生都在与命运抗争，与疾病搏斗，是一个不屈不挠的成功者。这便是催人奋进的热情。

第三问：这件事对别人、对社会有没有好处？

要了解这件事做下来，对别人、对社会是否有损害，这是靳羽西的第三问，也是非常重要的一问。当发现自己有特长、有热情，又对社会有好处的时候，你就可以选择这条道路。鲁迅先生的故事给了我们一个非常正确的答案。

1881年9月，鲁迅生于浙江绍兴的一个大户家庭，祖父曾考中进士，在京城做官，父亲也曾考中秀才。但在鲁迅13岁时，家里遭到一场很大的变故，鲁迅的祖父因贿赂乡试主考官，案发被捕入狱，周家从此败落下来，祸不单行，鲁迅的父亲又得了肺病，经常吐血。因为当时医疗水平太低，始终不能确诊是什么病，再加上家道败落，不能拿出更多的钱来治病，于是就按照绍兴民间的土办法来止血，让病人喝陈年磨研出来的墨水，又请当地的中医来诊治，吃了不少中药，还用了一些稀奇古怪的药方，但最终也没能挽回父亲的生命。

因此，鲁迅一度认为："中医不过是一种有意或无意的骗子"，从此鲁迅就立志学西医。于是他便到日本仙台医学专科学校学习医学。鲁迅在仙台学习的第二年碰到了一件事情，改变了他学医的志向。

在一次细菌学课上，需要用"电影"（幻灯，当时称电影）来显示细菌的形状和活动情况，教师讲完后，由于还没到下课时间，便放了几段时事幻灯片，映出的是不久前刚结束的日俄战争的故事：日军抓了一个中国人要枪毙，说他做了俄国间谍，刑场四周围了很多身强力壮的中国人在看热闹……这时，有的日本学生狂呼"万岁"，有的斜着眼睛看着鲁迅，议论说："看看中国人这样子，中国一定会灭亡。"面对此情此景，鲁迅浑身像火烧一样，再也坐不住了，他猛地站起来，夹起书本愤然走出教室。

鲁迅被这件事深深触动了。他想：日俄两国为了争夺势力范围，在中国的土地上进行肮脏的战争，是对中国主权的蹂躏。腐败的清王朝丧权辱国，人民又不觉醒，是中国落后的根源，看来，医学并非一件紧要的事情，如果中国人思想不能觉醒，即使体格再强壮，还不是被帝国主义者抓去杀头？还不是只能成为示众的材料和麻木的看客？病死多少人倒不是主要的，主要的在于改变人们的精神，要唤醒人们，中国才能有希望。

但是，用什么办法才能改变人们的精神，唤醒民众呢？鲁迅认为：当时的海外留学生中，有学医的、学法律的、学工程制造的，等等，这些只能在某一领域有所作为，而不能改变人们的精神。要改变人们的精神，首推文艺。文艺能够提高人们的思想觉悟，能够把沉睡、麻木状态的人们唤醒，能够激发人们的爱国热情。这样，人们觉醒了，中国就有改变的希望了。最终，鲁迅弃医从文，成为了一代著名的思想家和文学家。

第四问：这件事对国家有没有好处？

我们做的所有工作，都要有利于我们的国家，同时又符合自己的专长，自己又有这种奋斗的热情，那么我们就可以去做。比如说杨澜，她是做电视的，最开始的时候，她曾经想当商人，后来由于种种原因，她发现自己不适合做商人。于是她选择了做电视节目主持人，从那时开始，她就不断地做加法，先做主持人，做得非常优秀；然后她就问：我能不能编稿子？于是她开始写台本，开始编稿子；后来杨澜又问：我能不能当制片人？她开始学习做制片人。杨澜在与电视有关的这条路上，不断开拓进取，因为她知道中国是非常需要电视事业的，广播电视事业的发展对于中国极为重要，所以这就是杨澜的选择，一直到后来做到阳光卫视。

还有很重要的一条原则，无论做什么样的选择，自己的选择一定不要太复杂。杨澜说："在创立阳光卫视之前，我一直在做加法，我总在寻找，除了能干这个，我还能做什么；创立阳光卫视以后，我就开始做减法，因为我逐渐认识到我的能力，只能做好一两件事，于是我便把我的心思全部用在做好这两件事上。"这是很重要的一种思维方式，我们有时候容易犯一个错误，就是好高骛远，这也想做，那也想做，到头来很可能是什么都想做，却什么都没做好。

须知：旁观者清。

我们在了解自己的时候，很有必要听听老师、家长、学者以及一些智者的意见，自我分析和智者的点拨，是同样重要的。我们要自信，但却不能自负，我们强调进行自我分析，并不是说拒绝意见，有时候这些旁观者的意见，可能对你是非常重要的。

俗话说：当局者迷，旁观者清。智者的意见给了这位到巴黎寻梦的少年怎样的启示呢？

1938 年，有一位 16 岁的少年来到巴黎寻梦，这位少年家境贫寒，从乡下来到了法国首都巴黎，并很快被巴黎的芭蕾舞所吸引，于是想学芭蕾舞，他就给父亲写信，说他想要学芭蕾舞。父亲就跟他说："孩子，你要学芭蕾舞，爸爸不反对，但是有一条，你不能向家里要钱，你要自己解决自己的生活，才能够去学。"

这个孩子很有毅力，白天在服装店里面帮工，晚上就去跳芭蕾舞，但是这样坚持了三个月以后，他感觉疲惫不堪。于是他给当时被称为芭蕾音乐之父的布德里教授写了一封信，请教授指点迷津。教授收到信以后，给这位少年回了一封信，教授是这样说的："你一心不能二用，要学芭蕾舞，你就要全身心地学。现在你既然不能够全身心地学，那么我就建议你，首先安身立命，先找一份职业，你把这份职业做稳当了，有了钱以后，再来从事你爱好的芭蕾舞吧。"

这位少年接受了布德里教授的建议，找了一份工作，在酒吧里面做招待，给人家端酒。有一天发生了一件改变他命运的事情，他在给一位贵夫人端酒的时候，那位夫人看到了他别致的衣服，很惊讶地问他："小伙子，你这件衣服是哪儿买的？"

这位少年说："这个衣服是我自己做的。"

"是你做的吗？"

他说："是的，夫人，这件衣服是我自己做的。"

夫人问："那这件衣服的款式呢，是哪儿学来的？"

他说："这是我自己设计的。"

这位夫人是一位伯爵夫人，出身贵族，审美情趣相当高，她看到这位少年设计的衣服以后，感到非常惊讶，她说："我有预感，你将来一定会成为一位杰出的服装设计大师。"一语惊醒梦中人，"是的，我也非常热爱服装设计，非常热爱裁剪，我对这项事业的热爱，可能并不亚于芭蕾舞，我为什么不把自己的人生事业就放在服装设计上呢？"于是在这位夫人的引荐下，他和巴黎最有名的"博坎"女士时装店取得了联系，开始为"博坎"时装店设计衣服。这位少年就是皮尔·卡丹。皮尔·卡丹之所以能够有后来的成就，和他非常善于听取别人的意见，特别是那些睿智人士的意见，是息息相关的。

谨记：知己知彼。

在我们了解自己的时候，别人是一面镜子，当感觉到自我了解不够的时候，我们也可以通过别人的评价，重新来认识自己。现在我们看到有些大学生，毕业之后去求职，一去就提：我是大学本科毕业的，我是某某名校毕业的……。要当什么？要当经理，要当副总，要当总监……因为很多学生没有正确地评判自己，对自己了解不够，导致毕业很久都找不到工作。

俗话说：知己知彼，百战不殆。下面这位大学生的毛遂自荐和颇有趣味的自我价值评估清单（自我推荐书）在用人单位产生了怎样的效果呢？

有一位很有意思的大学生，他给自己写了一份求职材料，主要是关于工资要求的材料。他是这样写的：第一，我的基本价值 1800 元，因为我是一名国家重点大学的本科生，在我的求学生涯中耗费了父母的大量金钱和情感，我需要有一定的回报给父母，所以我的基本价值是 1800 元；第二，我的技能价值为负 500 元，因为我明白我刚刚毕业缺乏技能，我只学了一些书本知识。由于缺乏技能，所以减 500 元；第三，我的性格价值100 元，我的性格特别好，我和谁都合得来，很幽默，很风趣，有很强的亲和力，这个值 100 元；第四，我的沟通技巧值 200 元，我特别容易和别人交朋友，那么以后我到企业来，肯定是有用的，这个值 200 元；第五，我的专业知识价值 500 元，我的专业学得特别好，如果让我从事我的专业，我一定能够非常圆满地完成任务，这个值 500 元；第六，我的个人意愿价值 500 元，我希望我作为一名最出色的员工，我的工作一定会做得特别好，这种追求、这种愿望，我觉得值 500 元，因为热情可以使工作做得更出色；第七，我的经验价值负 500 元，我毫无经验可言，这需要减 500 元；第八，我的品德价值值 200 元，我品德特别好，我在中学、在大学都是青年志愿者，品学兼优，这个值 200 元；第九，我的个性价值负 100 元，我的个性里面，还是有点偏弱，我不太敢闯，我需要别人来带领我闯，这我承认。所以我觉得在这一方面还是有欠缺，我减 100 元；第十，我的自律价值 200 元，我特别自律，就是我不用人家管我，我自己会管好自己，这个值 200 元；最后一条，我的自省价值。自省价值就是说，我会不断地反省自己，这个价值为零，就是说现在还看不出来。

综上所述，本人的市场价值应该在 2500 元左右。

这个学生的自荐书非常有创意，不仅客观地列举了自己的优缺点，还给予自己一个合理的市场评价，所以很快被用人单位录用。

3. 了解社会

成功的基石，第一是了解自己，同时还要了解社会，主要有两个方面：第一个方面，就是社会的现实需求，我们要成功，一定要和社会对接，要能够为社会作出贡献，满足社会的现实需求。那么社会需要什么人才呢？这个我们必须了解，如果不了解的话，我们就会陷入徘徊的境地。现在，我们的社会中有两种人才是最短缺的。

第一种人才是创新型人才，就是有非常强的创新欲望和创新技能，这个社会特别需要有个性价值的人。

有一位日本男孩，他是一位天才的书法家，9岁时参加日本青少年书法展，就在东京掀起一股旋风，4幅作品全部被私人收藏，总价值1400万日元。当时，日本最著名的书法家小田村夫曾这么预言：在日本未来的书法界，必将会升起一颗璀璨的新星。

20年过去了，一些无名的人脱颖而出，而少年却销声匿迹了，是谁断送了这位天才的前程？2001年九州岛樱花节，小田村夫专门拜访这位小时候名震四岛的天才。在看了那位天才的书法作品之后，仰天长叹，说了这么一句话：右军啊，你毁了多少神童！

右军是谁？右军是王羲之，1600年前的中国大书法家。小田村夫为什么说是这位大书法家毁了他们的神童呢？原来这位小神童临摹王羲之的书帖成瘾，经过20年的苦练，把自己的书法个性磨得一点都没有了，现在他的字与王羲之的比较起来，几乎能够达到以假乱真的程度，可是自己的东西呢？一丝都找不到，在鉴赏家眼里，他的书法已经不再是艺术，而是仿制品。

一个天才因模仿另一个天才而成了庸才，这不是书法界里独有的现象，它存在于人类社会的各个行业。现在政治、经济、文化等领域，大师级的人物之所以寥若晨星，绝不是天生庸才太多的缘故，而是有太多的天才因模仿而成了庸才。

所以千万不要丧失自己的个性，那是一个人唯一真正有价值的地方。纵观古今，凡是成就了一番事业的人，都是坚持自己的个性和特色，敢于从流俗和惯例中出列的人。

第二种人才，具有一种非常强的综合能力，我们把他们叫作复合型人才。

他不仅仅只能做一件事，而是在几个方面，他都能做得来，你要他搞销售他可以搞销售，你要他搞市场研究，他也可以做，你要他做传播策划，他也行。复合型人才是我们要研究的重要对象。如果我们能以全面的综合能力为基础，再把个人特长进行结合，这样就比较容易成功。

了解社会的第二个方面，我们要研究社会的发展趋势是什么，未来的需求是什么。随着我们的社会发展趋势的加快，将来我们的市场最短缺的东西实际上有两类：第一类就是精神消费品。什么是精神消费品？比如，音乐、美术、动漫、好的电视作品等等，它们都是精神消费品。现在，好的精神消费品在全世界都短缺，有些人就在学动漫创作，因为他们锁定了这个就是社会的发展趋势，所以他们无论是就业还是创业都会有很多的机会。第二类商品，也是将来发展趋势特别看好的，就是新能源。新能源我们都知道，当前我们整个世界都出现了能源危机，这已经成为一种常态和必然，石油越开采越少，煤炭越开采越少，那么在这个时候，新能源、新材料、基因工程等等，这些东西都是将来社会发展趋势所必需的东西。

因此，我们要想获得成功，就必须了解自己，知道自己能干什么，知道社会需要什么，我们把这两者研究透了，它就为我们走向成功奠定了良好的基础。

05 得到之前，先认识自己

亨利·沃德·比彻尔说："一个人需要思考的，不是自己应该得到什么，而是自己是什么。"

许多知名的企业家、作家、演员和运动员都曾经谈论过，我们的自我形象会如何影响我们所要做的每一件事情。甚至有的人说，那是人类所有成就中最重要的单一因素。美国著名的整形外科专家马克斯威尔·莫尔兹博士发现有一些病人在做过整形手术后，会经历重大的人格变化。但是在其他一些个案里，即使是相当戏剧化的手术结果，病人还是会把自己看成是一个丑陋的或者是无能的人，外在形象的改变对于真正的问题还是毫无影响。他们内在的自我形象，也就是他们对自己的信念，还是依然未变。于是，莫尔兹博士试着让他们忽略自己的肉体，而去改变对内在自我的态度，这终于让人看到了卓越的成果。

你也许会说，我对自己的认识已经很清楚了。是的，透过镜子，也许可以看到一个你平时看不到的自己，却难以直视内心里的那个你。你现在应该问的是：你究竟有多了解你自己？你对自我形象的固有认识对你的成功有帮助吗？

让我们来做个试验。

首先，你需要把能够描述自己的一切特征或人格特质，以及相信你自己是什么样的人的想法都写出来。请注意：不是你认为别人会如何看你，而是你如何看你自己，把这些以任意的顺序写出来。我们的人格都有多个方向，而每一个方向对于我们的行为和我们的成就，都会有一些影响。如果你想开始得容易一点，就按下面这个技巧去做——先写出你觉得足以描述你自己的一些词语（如是"老实"或"自信"），或多字词语（如是"专心致志"或"心胸开阔"）。

接着，要注意，写的时候要用你平时不惯用的那只手，例如，如果你是惯用右手的话，就用你的左手，以此类推。这样做也许会有困难，而且你也许必须要把字写得大大的，但是只要你继续做下去，你就会发现，事情变得越来越容易了。只要你在事后能够将每一个字辨认出来，你就不需要为你的字写得歪歪扭扭而操心。现在就开始写出你的清单吧，给自己足够的时间。如果你在做这件事的时候能够保持放松的话，是会有帮助的。当你减少了有意识的左脑的干扰之后，更深入的、诚实的洞察就会显现出来。

人的大脑的左半边与语言和逻辑有关，而右半边则与直觉和感觉有关。你惯用的那只手和你身体的同一边，都是由你的大脑的另一边来指挥的，例如，你的右手和右半边身体由左脑来指挥。因此，当你在做上述试验的时候，你的左右脑中比较不惯用或属于潜意识的那一边会在某种程度上被运用出来。这个简单的试验可以从意识下带出一些洞察，而这些洞察，如果你用自己惯用的那只手来写的话，可能就会写不出来了。只有当它们被你发现了，你才会意识到它们是真实的。你最先所写的一些勉强可以认得出来的字，也许是可以预测的，而且也和你用较常用的手写出来的那些是一致的。但是当你继续写你的清单，并且容许你的潜意识自由发挥的时候，你就会得到更多具有透露性的自我形象的词语了。当有明显的矛盾——即对平时的印象构成巨大冲突——发生的时候，你需要对自己完全诚实，分辨哪一个才是真正适用的。通常使用惯用的手所写出来的那张清单，看起来会像是为了供"大众消费"而写的，并不会明确指出更深层的自我信念。例如，你用惯用的手写出来的"聪明"，在用非惯用的手来写时，就可能变成"圆滑"，甚至是"投机取巧"。在很多试验的例子中，亲戚和亲近的朋友会确认说，用非惯用的手所写出来的比较接近事实。

仔细审视你单子上所列的每一个词语，如果你不能够确定你所写下来的某一些词语的确定意义，试着把每一个词都用一个句子来加以表达——不过你要再次用你非惯用的那一只手来写。这些词语的每一个都可以予以扩大，成为一个或更多的特定概念的叙述句。例如，"友好"可能会包括"我喜欢别人来我家做客"这个特定的信念，而"脚踏实地"则可能涵盖"我很会自己动手做东西"。这一些使用非惯用的手写下来并且扩大成为更明显的句子的信念，才是有可能解释你的行为和结果的信念，而不是那些你立刻就可以察觉的少数信念。

接下来是"自我催眠"，将每一个信念都放在你的心里来加以测试。首先，先选择一个你认为是正面的信念，然后想象你自己现在正处于这样一个实际发生的状况，而且在这个状况里，你的这个信念正在付诸实现。举例来说，如果你很擅长于吸引儿童的兴趣，比如讲故事、唱儿歌，你就想象你自己正在这样做，而且正在享受自己做得很好的感觉。这个例子也许正是受到你的清单上"友好的"或"令人喜欢的"这些词语激发而产生出来的。为了让感受更真实，你需要想象一些视觉上的东西——可以是小孩的脸、故事书以及你周围的任何事物。如果你可以感觉自己听到的任何声音，包括你自己讲话、唱歌的声音，或是体验到任何与你正在做的事情有关的感觉，那么这种真实性就更为强烈了。换句话说，你最好动用起自己的感官，必要时五种都要用到，其中视觉、听觉和感觉是最为重要的。这种感觉很像是自我催眠，你必须让自己先进入一个放松的状态。

现在将情景转到一些不会令你觉得喜悦的事情上，也就是那些负面的自我信念。举例来说，你的同事正在热烈讨论着什么，但你却插不上嘴，你不喜欢看到自己正在这么做或处于这样的状态。这也许就是"拘束的""害羞的""难以交流的"这些词语所激发出来的。你可以回想一次过去的不好的经历，也可以去想像未来可能会发生的一个事情，如同上面一样，把它感觉得越真实越好。

通过上述两个步骤，你已经体验到自己的两个不同的形象——正面的和负面的，分别反映出某一个特定的自我信念。把这两种想象加以比较，你会开始看到一些差异。这并不是指这两个情景在内容方面的差异（如讲故事、唱儿歌和难与同事交流两个事情上的差异），而是视觉、听觉和感觉等方面的差异。

也许这是你第一次了解自己对自己的感觉，了解你的自我形象。在重新审视之后，你就可以运用那些令人产生力量的词语，创造你希望拥有的信念，改变那些不再有用的信念，进而把自己的潜能开发出来。

06 做到对自己的认同和理解

哈佛大学心理学家罗伯·怀特，在其著作《进步中的生命：有关个性自然成长的研究》中提到，现今有一种观念极为流行，就是认为："人必须调整自己，以适应周遭环境的各种压力。"他还指出，这个观念是基于一种理想，也就是说，"人能毫无问题地去适应各种狭窄的管道、单调的例行公事、强制性的规定及完成角色任务的种种压力等。但其采取的行动是否成功，则须看其是否具有拒绝、帮助成长或是改进角色的能力，并且要能创造，表现出积极的力量。换句话说，就是在其成长过程当中，要具有创意性的方针和态度。"

只有少数人有勇气独树一帜，或很清楚明了自己究竟拥护什么主张。我们的行为通常受公众的影响，如衣、食、住，甚至思考的方式。假如周遭环境与我们的个性格格不入，我们会变得神经质或不快乐，会感到失落和迷惑。

一位美国医生曾做过这样的一个研究：有 200 名参加宴会的宾客品尝了同样的食物之后，其中一半人食物中毒，但另一半人却安然无恙，他觉得好奇，想了解其中的奥妙，结果发现那些未中毒的人生活态度较积极，自我价值极高，对事情较看得开，处世较有弹性，用一句精神心理学的话来说，就是他们的心灵的力量，也就是心能较大、较强，换句话说，心能越大，人越健康，因为免疫系统较强些。其实关于心能的大小强弱对人的各方面都有影响，医生、心理学家等人早已提出各种理论与实验结果。

喜欢自己，因为你是你今生的唯一；善待自己，你将获得对自己的认同和理解；只有爱自己，才能更好地给予他人，让别人喜欢自己。

你应该这样告诉自己：若没有我，我的自我将变成一纸空文；若没有我，我的生命将戛然而止；若没有我，我的世界将变成一片废墟。尽管在整个宇宙我不过是沧海一粟，但对于我自己，我是我的全部。为此我首先珍重自己，才能得到别人的珍重；我必须善待自己，才对得起造物主的恩赐。

　　自爱并非自恋，自爱的人懂得"将心比心"的厚重，自恋的人只想一味索取，不肯给予。自爱的人懂得生命来之不易，为使自己在有限的生命里获得无限的充实，他会挖掘自身的潜能，并为自己的目标竭尽全力；自爱的人像爱护自己的生命一样爱护自己的名誉和尊严，他不会为眼下的利益卑躬屈膝，更不屑于为自己的成功对他人狂妄自大，蛮横无理；自爱的人在精神上是独立的，他无需掠夺他人，更不会出卖自己；最后，真正自爱的人因为自己的充实而平静，他走入了"不以物喜，不以己悲"的自由与和谐。

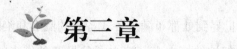

第三章

改变自己，让内心强大起来

　　这个世界上形形色色的人很多，你每天也会遇到各种各样的事情，开心的、烦心的，这个时候，就需要你有一颗强大的内心来支撑自己，让自己来面对每天这些形形色色的人和事。内心强大了，对自己的把握才会更上一个台阶！

01 复杂的世界需要强大的内心

这个世界到处都布满了各式各样的圈套和陷阱：考上大学，在火车上却被"好心人"骗去了父母四处借来的学费；走出校园打工做家教，没想到找到的是黑中介，被骗财骗色；毕业后去听了一场"成功人士"举办的"成功经验分享大会"，顿时热血沸腾，稀里糊涂就去做了传销；好不容易找到一个稳定的工作，又被同事骗走了自己的创意；找个女朋友，没想到是别人的小三；喝杯酒喝进了医院，要洗胃，医生夸你命大，这么高纯度的工业酒精居然没有把你喝死；郁闷之中玩个游戏吧，在《魔兽世界》中又被人骗走了一整套高级别的装备；生个娃给他买奶粉，奶粉里有三聚氰胺。好吧，我做好事总不会中圈套吧。可是现实是残酷的。把路边摔倒的老太太扶起来，她会说是你把她推倒的，并到法院告你，让你付医疗费、营养费、误工费、精神损失费以及她下半辈子的生活费，如果她还有个傻儿子，那她一家几代老小的生活费用全赖在你头上了。

我们就像是一群漫无目的的飞虫，不断地误入一张又一张被人设计好的蜘蛛网。然而，当我们发现自己被蜘蛛网黏住动弹不得之时，为时已晚，我们的眼前已经出现露着狰狞微笑的比我们巨大数倍的"蜘蛛"，我们只能眼睁睁地等死。

但是，有一类人却很少闯入蜘蛛网，不是因为他们比普通人聪明，而是因为他们熟悉蜘蛛网的特性。这类人就是内心强大的人。所谓知己知彼，百战不殆，就是说你要打败你的敌人，就一定要熟悉敌人的特点，通过特点发现弱点，然后一击必中。那么，为什么内心强大的人能够比别人更熟悉蜘蛛网的特性呢？普通人看不清蜘蛛网的特性，是因为普通人的心房里积的灰尘太厚、太重，以致心房内也到处结有密布的蜘蛛网，让你无法看清这个世界，无法与外部世界做到心有灵犀的交流。换句话说，你连自己心房内的蜘蛛网都无法弄干净，怎么能够看清外部世界的蜘蛛网的特性呢？但是，内心强大者的心房已经被打扫得干干净净、亮亮堂堂，因此他们的心与外面的世界是通畅的，这就是所谓的天人合一，能够瞬息感应外部世界任何微小的变化，并作出恰当的反应。

而我们所讨论的蜘蛛网则是特指人类社会中，为了达到一定目的，利用受害人认知缺陷、意志薄弱、心理防御机制过分敏感、从众等心理而采用欺骗、引诱、隐蔽为手段设计的圈套或者陷阱。为了更加形象地解释这种蜘蛛网，我们先看一个有趣的故事：

"王局长，我现在在湖北的杨林镇，告诉您一个消息，我无意中发现，有个乡下老太太，家里有一个罕见的宋代龙凤瓷瓶，老太婆不知道它的价值，我也不敢打草惊蛇。"某省文物局的小李跟已经退休了的王局长在电话里喊。

"龙凤瓷瓶？这么珍贵的瓷瓶怎么会落到这个乡下老太婆手中呢？"

"您还记得1985年，这个地方发现了一个宋代王爷的墓葬群吗？就是在她家已经干了的池塘下面发现的。她老头子在报告政府之前，已经挖到了这个瓷瓶，便藏了起来。"

"你能确定是真的吗？"

"我也不确定，但那瓷瓶确实像是宋代的，没有您的过目，我不敢买。"放下电话，王局长下午就坐上火车，赶往湖北杨林镇。王局长知道，自己做了一辈子宋代文物鉴定，放眼当今宋代文物界，除了他，没几个人能够百分之百地有把握鉴定宋代瓷瓶的真伪。他凭感觉也能辨认出真假。以前，甚至有美国的文物商都邀请他去美国鉴定宋代文物的真伪，他因此还赚了不少钱。

"宋代龙凤瓷瓶？"王局长闭眼，笑了。如果这东西是真的，他再转卖出去，他这个已经人走茶凉的退休局长马上就可以带着全家移民国外，想到这里，王局长的心怦怦直跳。

王局长晚上就赶到湖北杨林镇，见到了小李。"不用休息！"王局长对小李说，"现在我们就赶过去。"

小李便包了一辆车，和王局长匆匆赶到了那个乡下老太婆家。老太婆一个人住在一个大院子里，老头子早已去世，子女在外打工。当小李和王局长走进院子的时候，老太婆还没有睡，正在烤火。小李走过去跟老太婆说明了情况后，老太婆便把他们带进了她家的后院。在后院的一角，王局长见到了那个"珍贵"的"宋代龙凤瓷瓶"。由于后院没有灯，王局长拿着手电筒仔细地照着，心想："这的的确确是宋代龙凤瓷瓶，自己不会是做梦吧？"突然，王局长像发现了什么，赶紧收住了笑容，问老太婆："你这个瓷瓶卖多少钱？"

"哦，八万块。"

"什么，这么贵？"王局长叫起来，"又不是什么国宝。""爱买不买，这留着也不占地方。"老太婆说。"不便宜！"王局长悄悄地问小李。"您要不要再鉴定一下，万一是假的怎么办？"

小李问。"我看过了，确实是宋代龙凤瓷瓶。"王局长小声说。

王局长突然转身面无表情地对老太婆说："你这个瓷瓶呢，虽然不是什么特级国宝，但也是非常少有的。我给你十万，这件事不要跟任何人说，按照法律规定，凡是出土的文物都要交给国家，不能私人买卖，说出去，你我都没有好日子。"老太婆说："我懂法，这个瓷瓶的来历，连我的孩子都不知道，就我和老头子知道，我老头子十年前就死了。"王局长立即将早已准备好的装有十万元现金的手提箱递给了老太婆。"要不您再看看真假？"小李不放心地问。"不用了！"王局长赶忙把瓷瓶用袋子套好，装入汽车。王局长没有坐火车回河北，而是直接包了辆汽车回去。回去前，王局长塞了两万元钱给小李表示感谢。王局长一路没有睡好，想到一转手最少值上百万，足足赚了十倍，就异常兴奋。只是回到家不久，王局长就病倒了，住进了医院，在病床上他不断喃喃地说："明明是新做的赝品，我怎么没有看出来？"

是谁骗了王局长？当然是小李和老太婆。是小李先找人仿造了宋代龙凤瓷瓶，再来到乡下，找个老太太，扮猪吃老虎地让这位一辈子鉴定古玩的文物局前局长阴沟里翻了船。可是，小李不是一再提醒王局长，说自己没有把握，要他多看看吗？连付了钱回去的路上小李都说："要不您再看看真假？"至于那个老太太从头到尾也没有说是真的龙凤瓷瓶呀！这是因为布下蜘蛛网的小李深知王局长的心理。王局长与文物打了一辈子的交道，对自己的眼光太过自信了。又因为坐一路的火车，旅途劳顿，加上院外手电筒灯光昏暗，伪造的功夫也不差，自然容易看走眼。更重要的原因是他怕过段时间有其他人找上门，夜长梦多，老太婆以为可以卖更多的价钱，就不卖给他了，所以从头到尾没能好好地瞄上几眼。

从这个故事中我们可以看出，其实王局长是被自己的不良心理骗了。王局长心中蒙尘太多，对自己能力过于自信，对乡下老太太不屑一顾、急功近利、贪婪，等等，这些都可以说明这位王局长内心其实虚弱得很。如果王局长能够内心强大，虚怀若谷，冷静应对，看穿小李所布下的蜘蛛网是完全可能的，又怎能那么容易上当呢？

02 让自己在心理上变得强大

心理上强大就是你在心理上，对于这个世界、对于这个世界中的人有无法摧毁的心理优势。它有两种心理强大：第一，世俗意义上的强大。其实这不是真正意义上的心理强大，因为你的心理并不强，你之所以感觉很强，是因为你占有很多"强"的东西，如金钱、地位、权力、文凭、容貌等，这些东西我们叫做一个社会中的"稀缺资源"，人人都想得到，但只有少数人才能获得。它们只有通过比较才有意义，所以永远是稀缺的。

这种"心理的强大"是怎么得到的？真相是，是否拥有稀缺资源，对应于一定的社会阶层、角色、身份；是否拥有稀缺资源和这些阶层、角色、身份组合，在社会上便构成了一个有高低之分的价值序列。人们根据资源、身份等自动地对一个人的"价值"进行排序，在心理上屈服于这个价值排序。所以，如果你很有钱，你有权力，你是博士，不管你是否真正牛B，别人在你面前的确没有心理优势，你会感觉到自己很厉害。

　　记住：这种心理优势来源于占有社会稀缺资源的优势。之所以后者会转化为前者，是因为人们的心理结构与社会结构契合，如果能够打破这种心理结构与社会结构的契合，你就根本没有心理优势。而当你并不占有社会稀缺资源，处于心理弱势时，只要你能够打破这种心理结构，你仍然可以获得心理优势，并摧毁别人的心理优势。

　　应该指出，对于少数幸运者来说，这种心理优势是相对的，永远有人比你更有钱、更有权，因此，既然你是靠获得这些稀缺资源才获得心理优势，那么在比你占有更多的人面前，你仍处于心理弱势。即使你一切都有，你也要面对死亡，在自然规律面前你仍是个弱者。

　　而对于大多数人来说，因为并没有占有多少社会稀缺资源，因此并没有多少心理优势。而问题恰恰是：获得心理优势，恰恰是你获得这些稀缺资源的一个重要条件。你要获得心理优势，必须寻找到另外的方法，即第二种强大，真正的宠辱不惊的内心强大。

　　中国古时候，靠近边境一带居住的人中有一个老人，他们家的马无缘无故地跑到了胡人的住地。邻居们都为此来慰问他。那个老人说："这怎么就不能变成一件好事呢？"过了几个月，那匹马带着胡人的良马回来了。邻居们都前来祝贺他们一家。那个老人说："这怎么就不能变成一件坏事呢？"他家中有很多好马，他的儿子喜欢骑马，结果从马上掉下来摔得大腿骨折。人们都前来安慰他们一家。那个老人说："这怎么就不能变成一件好事呢？"过了一年，胡人大举入侵边境一带，壮年男子都拿起弓箭去作战。靠近边境一带的人绝大部分都死了，唯独这个人因为腿瘸的缘故免于征战，父子得以保全生命。

这就是著名的"塞翁失马，焉知非福"的典故。福与祸的转化，需要一定的条件，不能误解成福与祸的转化是必然的。例如，家庭突遭打击、变故、陷入困境，这是祸。但如果能从容、镇静，在困境中拼搏、奋起，那么，这又不失为一种宝贵的精神财富。当然，在困境中一蹶不振，丧失信心，甚至失去生活勇气，这祸就只能是祸了。

因此，凡事换一个角度看问题，就有可能收获与预料完全不同的结果。一个小女孩爬在窗台上，看见窗外有人正在埋葬她心爱的小狗，不禁泪流满面，悲痛不已。她的外祖父见状，连忙引她到另一个窗口，让她欣赏他的玫瑰花园。果然，小女孩的心情开朗起来。老人托起外孙女的下巴说："孩子，你原来开错了窗户。"生活中，我们不也常常开错"窗户"吗？

有时候，我们心情不好，偶尔听到一首悲伤的歌曲，我们的心情是不是变得更加沉重呢？其实，听了一首悲伤的歌，开了一扇错误的窗户，都不过是自己一念之间所为。如果我们赶快换一首愉快的歌曲，打开一扇正确的窗户，那么心情会豁然开朗起来。

03 懂得循序渐进地去实现目标

深海里，一只小鲨鱼长大了，开始和妈妈一起学习觅食，它逐渐学会了如何捕捉食物。妈妈对它说："孩子，你长大了，应该离开我去独自生活。"鲨鱼是海底的王者，几乎没有任何生物能伤害到它,所以虽然不在小鲨鱼的身边,妈妈还是很放心。它相信,儿子凭借着优秀的捕食本领,一定能生活得很好。

几个月后,鲨鱼妈妈在一个小海沟里见到了小鲨鱼,它被儿子吓了一跳。小鲨鱼所在的海沟食物来源很丰富,它就是被鱼群吸引到这里的,小鲨鱼在这里应该变得强壮起来,可是它看上去却好像营养不良,很疲惫。

"究竟出了什么问题呢",鲨鱼妈妈想。它正要过去问小鲨鱼,却看见一群大马哈鱼游了过来,而小鲨鱼也来了精神,正准备捕食。

鲨鱼妈妈躲在一边,看着小鲨鱼隐蔽起来,等着大马哈鱼到自己能够攻击到的范围。一条大马哈鱼先游过来,已经游到了小鲨鱼的嘴边。鲨鱼妈妈想,这下儿子一张嘴就可以吃到一顿美餐,可是出乎它意料的是,儿子连动也没有动。

两条、三条、四条,越来越多的大马哈鱼游近了,可是小鲨鱼却还是没有动,盯着远处剩下不多的大马哈鱼,这个时候小鲨鱼急躁起来,凶狠地扑了过去,可是距离太远,大马哈鱼们轻松摆脱了追击。

鲨鱼妈妈追上小鲨鱼问:"为什么不在马哈鱼到你嘴边的时候吃掉它们?"小鲨鱼说:"妈妈,你难道没有看到,我也许能得到更多。"

鲨鱼妈妈摇摇头说:"不是这样的,欲望是无法满足的,但机会却不是总有的。贪婪不会让你得到更多,甚至连原来能得到的也会失去。"

其实人又何尝不是这样,有些时候,得不到的原因不是你没努力,而是你的心放得太大,来不及收网。

常说人要有远大的理想，可又有多少人实现了呢？人，有远大的理想是好事，但是要务实，一步一个脚印地踏踏实实地去追求，而不是集一时之力，毕其功于一役，一下子就将远大的理想实现。历史上陈蕃的故事或许能给我们一些启示。

陈蕃字仲举，是汝南平舆人。他祖上是河东太守。陈藩15岁的时候，曾经独自住在一处，庭院以及屋舍十分杂乱。他父亲的朋友薛勤来拜访他，对他说："小伙子你为什么不整理房间来迎接客人？"陈蕃说："大丈夫处理事情，应当以扫除天下的坏事为己任。怎么能在意一间房子呢？"薛勤认为他有让世道澄清的志向，与众不同，但是又恐怕他骄傲自满，不思进取，不能脚踏实地做事，就故意激怒他，说："一屋不扫，又何以扫天下呢？"陈蕃听后，低下了头沉思。自此以后，陈蕃不再将远大志向随口说出来，而是埋藏在心里，时时刻刻用"一屋不扫，何以扫天下"这句话来激励自己，最终成为一个很有学问的人。的确，一屋不扫，何以扫天下？人生在世，要多做务实的事情，减少贪欲，从小事做起，你就会更成功。

04 发自肺腑地微笑

非洲的一座火山爆发了，随之而来的泥石流狂泻而下，迅速扑向坐落在山脚下不远处的一个小村庄。农舍、良田、树木，一切的一切都没有躲过被冲毁的劫难。

滚滚而来的泥石流惊醒了睡梦中一个14岁的小女孩，流进屋内的泥石流已上升到她的颈部。小女孩只露出双臂、颈和头部。及时赶来的营救人员围着她一筹莫展。因为对遍体鳞伤的她来讲，每一次拉扯无疑是一种更大的伤害。此刻房屋早已坍塌，她的双亲也被泥石流夺去了生命，她是村里为数不多的幸存者之一。当记者把摄像机对准她时，她始终没有叫"疼"，而是咬着牙微笑着，不停地向营救人员挥手致谢，两臂做出表示胜利的"V"字形。她坚信政府派来的营救人员一定能够救她。可是，营救人员倾尽全力也没能从固若金汤的泥石流中救出她。小女孩始终微笑着挥着手，一点一点地被泥石流淹没。在生命的最后一刻，她脸上露出了微笑，手臂一直保持着"V"字形。那一刻如此漫长，仿佛过了一个世纪，在场的人含泪目睹了这庄严而又悲惨的一幕。

死神虽然可以夺走一个人的生命，但是永远也夺不去在生死关头她做出的那个"V"字形姿势所蕴含的信念和精神！每一个生命常常蕴含着震撼世界的力量，它可以让人生中所有的苦难如轻烟般飘散。

千万不要小看那小小的一个微笑，因为地球上只有人类才拥有微笑，它是上帝赐给人类的特殊礼物。

20世纪30年代，一位犹太传教士每天早晨总是按时到一条乡间土路上散步，无论见到任何人总是热情地微笑一下并打一声招呼："早安。"

其中有一个叫米勒的年轻农民起初对传教士的微笑和这声问候反应冷漠，因为在当时，当地的居民对传教士和犹太人的态度是很不友好的。然而，年轻人的冷漠未曾改变传教士的热情，每天早上，他仍然给这个一脸冷漠的年轻人一个微笑，道一声早安。终于有一天，这个年轻人脱下帽子回给传教士一个微笑，并道一声："早安。"

好几年过去了，纳粹党上台执政。

这一天，传教士与村中所有人被纳粹党集中起来，送往集中营。在下火车列队前行的时候，有一个手拿指挥棒的指挥官在前面挥动着棒子，叫道："左，右。"被指向左边的是死路一条，被指向右边的则还有生还的机会。

传教士的名字被这位指挥官点到了，他浑身颤抖，走上前去。当他无助地抬起头来，眼睛一下子和指挥官的眼睛相遇了。

传教士习惯地脱口而出："早安，米勒先生。"

米勒先生虽然没有过多的表情变化，但仍禁不住还了一句问候："早安。"声音低得只有他们两人才能听到。

最后的结果是：传教士被指向了右边——意思是生还者。

05 怀仁爱之心，善体贴别人

有件事情发生在澳大利亚一个岛上的度假村，那时我在那里担任翻译。有一天，我在大厅里突然看见一个满脸歉意的工作人员正在安慰一个大约 4 岁的小孩，饱受惊吓的小孩已经哭得筋疲力尽。问明原因之后，我才知道，原来那天小孩特别多，这个工作人员一时疏忽，在儿童的网球课结束后，少算一个，将这个小孩留在了网球场。

等她发现人数不对时，才赶快跑到网球场，将那个小孩带回来。小孩因为一个人在偏远的网球场受到惊吓，哭得十分伤心。不久小孩的妈妈来了，看见了哭得惨兮兮的小孩。如果你是这个妈妈，你会怎么做？是痛骂那个工作人员一顿，还是直接向主管提出抗议，或是很生气地将小孩带离，再也不参加"儿童俱乐部"了？

我亲眼看见那个妈妈蹲下来安慰自己4岁的小孩，并且很理性地告诉他："已经没事了，那个姐姐因为找不到你而非常紧张，并且十分难过，她也不是故意的，现在你必须亲亲那个姐姐的脸颊，安慰她一下。"当时我看见那个4岁的小孩踮起脚尖，亲了亲蹲在他身旁的工作人员的脸颊，并且轻轻地告诉她："不要害怕，已经没事了。"只有这样的教育，才能培养出宽容、体贴的孩子。

体贴他人，关爱他人，对他人宽容，是一种良好的品行。良好品行的养成，常常是从幼年开始的。这位母亲所做的正是培养孩子这种好的品格，让孩子与善良为邻。提到与人为善、乐于助人，我们不能不提到一个人，他就是全心全意为人民服务的雷锋。

1949年8月，雷锋的家乡湖南望城解放，雷锋从此走出了痛苦的生活。在党和人民政府的关怀下他幸福成长，并参加儿童团，进小学读书，第一批加入了中国共产主义少年先锋队。1956年，他小学毕业后参加了工作，先后在乡政府当通讯员和中共望城县委当公务员。他工作积极，埋头苦干，被县委机关评为"工作模范"。1957年2月，他加入中国共产主义青年团。此后，他相继在望城县沩水工程指挥部、团山湖农场和辽宁鞍山钢铁公司化工总厂当拖拉机手和推土机手，因工作出色，多次被评为"红旗手""劳动模范""先进生产者"和"社会主义建设积极分子"，出席了鞍山市青年积极分子代表大会。

改变他人不如改变自己

　　一次，雷锋外出在沈阳车站换车的时候，一出检票口，发现一群人围看一个背着小孩的中年妇女，原来这位妇女从辽宁去吉林看丈夫，车票和钱全丢了。雷锋用自己的津贴费买了一张去吉林的火车票塞到大嫂手里。大嫂含着眼泪说："小兄弟，你叫什么名字，是哪个单位的？"雷锋说："我叫解放军，就在部队工作。"5月的一天，雷锋冒雨要去沈阳，他为了赶早车，早晨5点多就起来，带了几个干馒头就披上雨衣上路了。路上，雷锋看见一位妇女背着一个小孩，手还拉着一个小女孩也正艰难地向车站走去。雷锋脱下身上的雨衣披在大嫂身上，又抱起小女孩陪她们一起来到车站。上车后，雷锋见小女孩冷得发抖，又把自己的贴身线衣脱下来给她穿上，雷锋估计她没吃早饭，就把自己带的馒头给她们吃。火车到了沈阳，天还在下雨，雷锋又一直把他们送到家里。那位妇女感激地说："同志，我可怎么感谢你呀！"雷锋说："不要感谢我，应该感谢党和毛主席啊！"

　　一次，雷锋从安东（今丹东）回来，又要在沈阳转车。他背起背包过地下通道时，看见一位白发苍苍的老大娘，拄着棍，背了个大包袱，很吃力地一步步地迈着，雷锋走上前去问道："大娘，您到哪里去？"老人上气不接下气地说："俺从关内来，到抚顺去看儿子！"雷锋一听跟自己同路，立刻把大包袱接过来，用手扶着老人说："走，大娘，我送您到抚顺。"老人感动极了，一口一个好孩子地夸他。

　　进了车厢，他给大娘找了座位，自己就站在旁边，掏出刚买来的面包，塞了一个在大娘手里，老大娘往外推着说："孩子，俺不饿，你吃吧！""别客气，大娘，吃吧！先垫垫肚子。""孩子"这个亲切的称呼，给了雷锋很大的感触，他觉得就像母亲叫着自己小名似的那样亲切。他在老人身边，和老人唠起了家常。老人说，她儿子是工人，出来好几年了。她是第一次来，还不知道住在什么地方哩。说着，掏出一封信，雷锋接过一看，上面的地址他也不知道。老大娘急切地问雷锋："孩子，你知道这地方吗？"雷锋虽然不知道地址，但雷锋知道老人找儿子的急切心情，就说："大娘，您放心，我一定帮助你找到他。"

雷锋说到做到。到了抚顺，背起老人的包袱，搀扶着她用地图找了两个多小时，才找到老人的儿子。

母子一见面，老大娘就对儿子说："多亏了这位解放军，要不然，还找不到你呢！"母子一再感谢雷锋。雷锋却说："谢什么啊，这是我应该做的。"

过年的时候，战友们愉快地在一起搞各种文娱活动。雷锋和大家在俱乐部打了一阵乒乓球，就想到每逢年节，服务和运输部门是最忙的时候，这些地方是多么需要人帮忙啊。他放下球拍，叫上同班的几个同志，一起请假后直奔附近的瓢儿屯车站，这个帮着打扫候车室，那个给旅客倒水，雷锋把全班都带动起来了。

雷锋就是选择永不停息地、全心全意地为人民做好事，难怪人们一见到为人民做好事的人就想起雷锋。因为他是我们的好榜样！

1960 年 8 月，驻地抚顺发洪水，运输连接到了抗洪抢险的命令，雷锋忍着刚刚参加救火被烧伤的手的疼痛又和战友们在上寺水库大坝连续奋战了七天七夜，把手指甲都弄破了，被记了一次二等功。

望花区召开了大生产号召动员大会，声势很大，雷锋上街办事正好看到这个场面，他取出存折上在工厂和部队攒的200元钱，跑到望花区党委办公室要捐献出来，为建设祖国做点贡献。接待他的同志实在无法拒绝他的这份情谊，只好收下一半，另外100元在辽阳遭受百年不遇的洪水的时候捐献给了辽阳人民。在我国受到严重的自然灾害的情况下，他为国家建设，为灾区捐献出自己的全部积蓄，平时他在劳动时却舍不得喝一瓶汽水。

这就是雷锋，一个被国人传颂数十年的雷锋，他与人为善、助人为乐的精神一直激励着几代中国人，甚至美国的西点军校挂在墙上的照片中有一张就是雷锋的照片。

人生不是完美的，有些方面我们无从选择，比如相貌、天赋，但是这完全不妨碍我们拥有善良的品格。还记得《巴黎圣母院》中那个又丑又残疾的敲钟人吗？但是他拥有一颗善良的心。如果我们天生就是丑小鸭，我们大可不必羡慕白天鹅，因为我们仍然可以展示灿烂的微笑，依然可以有颗善良的心，做一个人见人爱的丑小鸭。

06 定好位，努力为之奋斗

一个人能够做什么，适合做什么，不是别人能够左右的，甚至连自己也不是很清楚。那么，那些优秀的成功人士是怎样找到自己的定位呢？他们靠的是不断地去尝试，直到找到适合自己的位置。一个年轻人要走向社会，重要的不是削尖脑袋去挤独木桥，而是如何在独木桥边上找到一条康庄大道。

19世纪80年代，无数美国人从东部来到西部淘金。人们扶老携幼踏上寻找黄金的旅途，而此时有一户人家却在必经之路上开了一个茶店卖水。后来很多淘金客非但没有找到黄金，反而因为旅途劳顿累死在旅途中，而那个卖水的却发了大财。

20世纪第一个10年，美国发现大量的石油资源，又引来无数创业者前往各个石油发现点去投资建厂挖掘黑金。而此时有一个年轻人敏锐地发现，运油不可能还是像原来那样用马车运输，新兴的火车必然取代马车成为运输石油必备的交通工具。当他向他的合伙人提出帮助政府建造贯穿于东西的铁路时，吓走了他的合伙人。但他没有气馁，单独援建了政府的铁路工程，并取得了新修铁路的35年的独断经营权。这个人就是美国石油大王洛克菲勒。

20世纪30年代，汽车工业如火如荼地展开了，有一家汽车生产商认为汽车作为奢侈品的时代已经过去，汽车应该走向寻常百姓家中。他创造性地发明了汽车生产流水线，大大地压缩了成本，这家汽车商就是美国的汽车大王福特。

20世纪90年代，随着电脑工业的兴起，大量的世界级企业进入电脑硬件行业，进行头破血流的竞争，但是一个叫作比尔·盖茨的年轻人却不走寻常路，专心研究电脑操作系统，今天全世界大部分的个人电脑上都安装的是Windows系统。

如今，手机已进入寻常百姓家，成为各大通信商抢夺的肥肉。而有一个叫作乔布斯的美国人，创造性地研制出智能手机系统iOS，几年间就将纵横几十年的手机霸主诺基亚拉下了宝座。

举了这几个例子，意在说明什么呢？真正的成功者不怕自己失败，而怕自己被放错了位置。他们不担心怀才不遇，而怕遇而无才。失败并不可怕，怀才不遇也不用太过担心，最怕的是自己被放到了一个不适合自己的位置上，那才是令人难受。中国历史上出现过好多木匠皇帝、绘画皇帝、作词皇帝，我们都认为他们不务正业，误国误民，其实他们也是受到了命运的捉弄。他们一心只是想做他们喜欢的事情，想做适合他们的事情，可是命运的安排使他们成了皇帝，自己别无选择，因此他们内心往往是极为痛苦的。而今天的你却是有选择权的，为什么不选择一个适合自己的、自己喜欢的工作呢？有的人喜欢用屡败屡战来赞扬和称颂那些为了成功锲而不舍的人，但是你要知道，如果那种人把自己放到了一个错误的位置上，无论他怎么努力，最终只会被撞得头破血流。

　　成功的关键就在于两点：一是先准确地为自己定位，二是矢志不渝地为之努力。这两点缺少哪一个你都不会成功。没有给自己准确地定位，你再怎么努力也会事倍功半。有了准确的定位而不努力奋斗，你只能是临渊羡鱼。

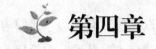

第四章

改变自己，让目标来督促自己

给自己定一个目标，这个目标会时刻告诫你该怎么做。因为你定的目标高度决定了你未来的生命高度，这个目标会让你知道如何改变自己，从而让自己明白该怎么为之奋斗！

01 站得高方能看得远

牛顿说："我之所以发现万有引力，是因为我站在巨人的肩膀上。"牛顿所说的"巨人"是谁？这个巨人就是他心中远大的目标和雄心。放眼历史，你会发现，那些推动历史车轮前进的人，无不是野心勃勃的人。一个人有了野心，才会有去追逐梦想的激情；一个人有了野心，才会对自己有更高的要求，取得的成就才会越大；一个人有了野心，即使他现在身居陋室，三餐不继，也会奋发图强，干出一番经天纬地的事业。如果一个人没有野心，即使他现在再富裕，多么花天酒地，也难保他将来不会醉生梦死在其奢侈无度的生活态度上；如果一个人没有野心，即使他多么有才华，也只能成为一个一生庸庸碌碌的人。

法国富翁巴拉昂年轻的时候曾经很穷、很苦。后来他靠推销装饰画起家，在不到 10 年的时间里，迅速跻身于法国 50 大富豪之列，成为一位年纪轻轻的媒体大亨。然而，当他老的时候不幸患上了致命的前列腺癌，临终前，他留下遗嘱，把他的 4.6 亿法郎遗产捐献给博比尼医院，用于前列腺癌的研究，另有 100 万法郎作为奖金，奖给能够说出他之所以有这个成就的秘密是什么的人。

他去世后，法国媒体刊登了他的这个遗嘱。在这份遗嘱里，巴拉昂说："我曾经是一个穷困潦倒的流浪汉，在我赤条条回到了天堂的时候，我为这个世界留下了我成功的秘诀。如果谁能够回答出来，我将会把 100 万法郎的遗产赠送给他。"

遗嘱刊登了以后，他委托的法国知名媒体《科西嘉人报》收到了大量信件，很多人寄来了"答案"。这些答案千奇百怪，各不相同。有人认为，巴拉昂成功的秘诀是因为他的运气好，狗屎运把他推上了富豪的榜单；也有人认为，巴拉昂一定是得到了某位富豪的相助；还有人甚至认为，巴拉昂是靠做违法生意而淘得第一桶金的。总之，这些都不是答案。渐渐地，人们的热情开始淡去，没有太多人继续关注这个问题的答案。然而，在巴拉昂去世一周年纪念日临近的时候，巴拉昂的律师和代理人突然宣布，一位年仅 9 岁的小姑娘答对了，答案是野心。这个小姑娘叫蒂勒。而这个时候，人们好奇的不仅仅是巴拉昂遗嘱的答案，而是这个答对了这么多成年人答不对的问题的年仅 9 岁的小姑娘。当人们好奇地问这个小姑娘为什么会答野心时，小姑娘如是说："因为每次母亲给我妹妹喂蛋糕的时候，总是对我说，不要有野心，不要有野心。因此，在我看来，野心是可以让人得到他本来得不到的东西。"

这个小姑娘答得真棒，一句话就解开了野心的本质，就是可以让人得到本来他得不到的东西。如果年轻时穷苦落魄的巴拉昂没有野心，一辈子知足常乐，可能这个世界会多一个木匠巴拉昂或者铁匠巴拉昂，而不是站在巨人肩膀（野心）上的富翁巴拉昂。

社会竞争会越来越激烈，要想在这个竞争激烈的社会立足，没有一点野心是很难想象的。

拿破仑说过，不想当将军的士兵不是好士兵。当然不想当老板的员工一样不是好员工。野心与雄心在英语里本来就是一个词。有雄心，就有了目标，你就成功了一半。

秦朝末年，秦始皇施行严刑峻法，焚书坑儒，四处抓民夫为自己修筑阿房宫、始皇陵以及长城。这期间，惹得民怨沸腾，哀鸿遍野。在秦始皇所抓的民工中有一队人，这伙人的队长叫陈胜。陈胜虽然出身贫寒，但是雄心万丈，常常跟他一起做工的工友说，自己有一天如果富贵了，是绝对不会忘记他们的。

"你这种做苦工的，哪一天能够富贵哦！"

"你如果能够富贵，我就可以当皇帝。"

"别理他，他能够自己管好他的一日三餐就不错了。"

"做工的人，哪里来的非分之想啊！"

工友们都非常瞧不起他。但是陈胜不多作解释，只告诉工友们："你们这些小麻雀怎么知道鸿鹄上天的志向呢？"

后来，在一次因为误期赶不到戍地，而面临着被杀头的下场时，陈胜终于带着这几百名民工发动了起义，建立了陈王政权，打得秦朝军队节节败退。他也是《史记》中唯一一个出身普通农民家庭而被司马迁列为世家的人。陈胜的起义看似偶然，其实是必然的。因为他早就胸怀大志，等待着时机推翻秦朝，干一番事业。这就是内心强大的人区别于普通人的一个最大的特点，也就是多一份野心。

《三国演义》中的刘备为什么能够割据巴蜀，称霸一时？很多人说刘备这个人很懦弱，遇到事情就会哭，是哭出来的皇帝，要不是张飞、关羽、诸葛亮、赵云鼎力帮助，他早就魂归九天了。这种评价，好像把刘备这个乱世枭雄看作是一个懦弱无能之人。

可为什么张飞、关羽、诸葛亮、赵云这样的一等一的人才要拼死效忠他呢？其实刘备是一个雄才大略的英雄，同时他也是一个野心十足的枭雄。从哪里可以看得出来呢？其实，从一个很小的细节上就可以发现。刘备有两个儿子，一个义子，一个亲子。刘备给这两个儿子分别起名为刘封、刘禅。这两个名字合起来就是封禅。什么是封禅，这是每个皇帝登基之时都要进行的祭天仪式。刘备当时官居不过左将军，相当于现在的副省级干部。皇帝之位怎么轮也轮不到他。但是他为什么要给他两个儿子起名封禅呢？这正是他那时候就有与曹操、孙权争天下，成就霸业，登位为帝的野心。后来，刘备真的实现了愿望，当上了皇帝，三分天下有其一，难道这和他的野心勃勃无关吗？

02 目标高一点，眼光远一点

当肯尼迪在 1961 年 5 月 25 日发表声明，即"这个国家应该不遗余力地为实现这个目标而奋斗，也就是说，争取在这个十年结束之前把一个人送上月球，并让他安全返回"时，这一大胆的决定震惊了全世界，甚至让人难以接受。因为在当时的大多数科学家看来，登月计划成功的可能性最多不超过 50%。而且，要实现这个计划，意味着要立即拿出 549 亿美元，而且在以后五年中还得花费数十亿美元，这在当时美国经济不景气的情况下是相当困难的。然而，当时的肯尼迪具有的前瞻性眼光使他看到太空探险的未来。正因为如此，美国才摆脱了 20 世纪 50 年代萎靡不振的状况，开始大踏步地前进。

从国家发展角度来说，前瞻性眼光十分重要，对于企业来说也是如此。任何一个企业，只有管理者有远见，才有目标，有了目标，才有了明确的终点线，因此，公司清楚地知道自己的目标是否已经实现，员工们也会清醒地向着终点冲刺。

美国的《幸福》杂志公布的 2001 年的世界 500 强排名，沃尔玛公司首次荣登榜首。这个结果他的创始人沃尔顿没有能亲眼看到，但他预见到了，因为这是他早已为企业制定的目标。就在沃尔顿病情迅速恶化的情况下，他还为企业规划着发展目标。1992 年 4 月，离去世之日不远的沃尔顿为沃尔玛公司规划出了要在 2000 年使销售额达到 1250 亿美元的目标。这个目标像磁石一样，吸引着沃尔玛公司前进。这是沃尔顿留给企业的一座前进中的灯塔，这座灯塔产生了巨大的作用。2001 年，沃尔玛终于以 2100 亿美金的销售额荣登全球 500 强榜首，实现了沃尔顿的设想。

企业界有句格言："经营的重点在决策，决策的中心是战略，战略的实现靠管理。"这里所说的战略，就是指一个企业在未来几年甚至几十年中为求得生存和发展而进行的总体性谋划，就是企业的灯塔性目标。它要求企业要有长远打算，企业家要有一种不断进取的精神和态度，要有一种忧患意识。任何企业都会经历企业发展的高潮和低谷，但具有企业灯塔的公司，会在失败的废墟上站起来，会重新发展起来。由于这个目标，使他们对企业的前途充满信心。从这个意义上说，眼光决定目标，而目标又是企业生存、成长的信心和信念。

对于个人来说也是如此，一个聪明人，必须同时是一个战略家，要面向未来，胸怀全局，这样才能站得高、看得远。

03 让自己的眼光"独"一点

内心强大的人之所以少，是因为他们常常用独特的眼光看事情，用独特的心理去揣摩事情，甚至有的时候为了达到目的会做出与常理相悖的事情。然而，你会发现往往这样的人才能成就大事业：耶稣、释迦牟尼、毛泽东、林肯、华盛顿、诸葛亮、曹操、康熙皇帝、罗斯福……

《三国演义》中有这样一个故事：

曹操亲自率领80万大军，下江南欲一举消灭江东孙权、荆州刘备等割据势力，一统天下，于是爆发了那场著名的赤壁之战。当时，刘备被曹军所败，逃到江夏郡，希望与孙权达成同盟，挽救危局。刘备的军师诸葛亮东渡江东，来到孙权驻地建业，游说孙权。这时候，孙权也面临着曹操庞大的军事压力，是战是和拿不定主意。孙权的谋士鲁肃力主孙权联合刘备抗曹，并为孙权引见了诸葛亮。当孙权见到诸葛亮时，对诸葛亮非常尊敬：孙权"降阶而迎，优礼相待"。诸葛亮说明来意后，便开始了他独具特色的游说。

是战是和，孙权此时犹豫不决，一个很重要的原因是担心曹操的力量过于强大，自己难以相抗。换做是一般人，肯定是极力向孙权强调，曹操声称的人马水分很大，其实最多不过20来万，而且远道而来，劳师远征，又不服江南水土，更不习水战，所以只要孙权立下一条心，与曹操决战，战胜曹操不是没有可能的云云。而孙权这个时候一定也是有诸葛亮会向他游说刚才一番话的心理准备的。但是当诸葛亮见到孙权的时候，便敏锐地发现孙权相貌不凡，具有英雄气概，不是一般人。因此，诸葛亮马上改变策略："此人相貌非常，只可激，不可说。等他问时，用言激之便了。"因此诸葛亮不仅没有说曹操的军事力量小，反而出乎所有人意料的声称曹操马步水军不止有 80 多万人，很可能约有 100 余万人。

接着，诸葛亮更是有凭有据地说出曹操的确有这么多的人马。他说："曹操在兖州已有青州军 20 万；平了袁绍，又得五六十万；中原新招之兵三四十万；今又得荆州之军二三十万，以此计之，不下 150 万。亮以百万言之，恐惊江东之士也。"他这样一说，不仅孙权心头一惊，站在旁边的鲁肃也几乎是魂飞魄散，赶紧给诸葛亮使眼色。诸葛亮还是神情自若，仿佛旁若无人。因为诸葛亮准确地把握住了孙权的心理，等着孙权自投罗网。孙权果然上当，故作镇静地问诸葛亮："刘备为什么不投降呢？"诸葛亮先举出当年齐国田横带着八百壮士退守到孤岛上仍然与刘邦作战到死的例子，然后告诉孙权，他的主公刘备身为汉室皇叔，不是那种胸无大志、胆小如鼠之辈，刘备就是要效仿田横，就是死也要抗曹到底。诸葛亮为什么要这样回答孙权呢？因为他从孙权的气度、言行上看出，孙权也是一个胸怀大志的英雄，绝对不甘心屈居人之下，只是尚欠一点点决心。因此只有用激将法，说孙权志向不如刘备，来激发出骄傲的孙权的雄心壮志。诸葛亮确实准确地看透了孙权的心理。孙权终于被激怒，对诸葛亮说："曹操平生所恶者：吕布、刘表、袁绍、袁术、豫州与孤耳。今数雄已灭，独豫州与孤尚存。

孤不能以全吴之地，受制于人。"为了表示联刘抗曹的决心，孙权拔剑将案桌的一角切下，喝令道："再有议和者，有如此桌。"

从这个事例上，我们不难看出，诸葛亮成功游说孙权联刘抗曹的根本原因是诸葛亮独具慧眼，敢于想常人之不敢想，做常人之不敢做的事情。

世界上的伟人都是内心强大的人，他们看事情真的有过人之处。清朝康熙皇帝也是一位内心强大的人，而且，他处理军国大事的手段更是高明。康熙在位六十年，开创了中国古代最后一个盛世。他的一生经历了太多的风雨。而在这里，笔者仅仅谈一件事，就是康熙皇帝收复台湾后，关于要不要统治台湾的问题。

清朝初年，为了收复台湾，清政府先后同郑氏集团进行了十多次谈判。由于清政府缺乏坚强的军事实力，郑氏也没有和谈的诚意，结果谈判失败。在此期间，清政府曾经采用经济封锁手段，促其归附，也未能如愿。清朝盛期，康熙皇帝对台湾的策略又改为招抚，从此就开始长达十几年的议和谈判，但始终没有结果。1681年（康熙二十年），乘郑经病卒、其子郑克塽年幼初立和台湾郑氏集团出现内讧之际，康熙皇帝决定发兵攻打台湾。

康熙二十二年（1683年）六月十四日，施琅率领清军水师两万余人、各种战舰200多艘，直逼澎湖列岛。清军奋勇大战，击毁郑军战舰190余艘，歼灭郑军主力12000余人，迫使郑军4200余人投降。郑军主帅刘国轩见大势已去，只带剩下的战船二三十艘，残军数百人，狼狈地逃回台湾本岛。台湾内部震动，刘国轩力主投降，康熙大帝乘胜降旨招降。七月十五日，台湾地方当局派人献上地图名册和投降书。八月十三日，施琅率清军登陆台湾岛。

当康熙帝平定台湾后，关于台湾的治理问题引发了很大的争议。施琅认为，如果失去台湾，就会失去海防，重要的税收之地江浙安全将失去保障。而大臣李光地却认为，台湾地处偏远，又未开发，不如租给荷兰人。而这个时候，朝中大臣普遍倾向李光地的意见，几乎没人支持施琅。而眼光长远的康熙皇帝却支持了施琅，他认为如果台湾不守，重新被荷兰或其他西方列强所占据，中国在几十年内可能不会受到影响，还有租金的好处，但是，未来百年以后，很有可能成为西方列强侵扰中国的基地，实为心腹大患。因此，康熙皇帝果断地决定台湾由福建省管辖。

独具慧眼是内心强大的人异于常人的处事法则和智慧的结晶，也是他们成功的秘诀。三国的时候，诸葛亮第一次率军北伐，旗开得胜，连续占领了魏国三座城池。正当诸葛亮准备乘胜追击的时候，一个年轻的魏国将领挡住了他的去路。这个初出茅庐的年轻人三次看破了诸葛亮的计谋，两次和老将赵云打个平手。这个年轻人叫姜维。后来姜维终于被诸葛亮用计谋捉住了，所有蜀国的将军要杀这个年轻人泄愤。杀了他既可以鼓舞士气，又可以使自己面子过得去，何乐而不为呢？可是当时的蜀国人才匮乏，以至于有了"蜀中无大将，廖化作先锋"的名言。像姜维这样难得的人才，诸葛亮怎么可能轻易就杀了？而姜维也不负诸葛亮所托，诸葛亮死后他独当一面，将早就该灭亡的蜀国硬是延长了35年。

无论是治理一个国家，还是治理一个公司，人才都是竞争中至关重要的因素，也可以说是一个决定性的因素，一个国家可以没有宫殿，一家公司可以没有高楼，但是绝对不能没有人才。人才是国家、企业的灵魂。

04 以柔克刚是良策

"以柔克刚"出自诸葛亮《将苑·将刚》："善将者，其刚不可折，其柔不可卷，故以弱制强，以柔克刚。"它的意思是会打仗的将军，会因地制宜，刚柔并济，不会太过鲁莽，也不会太过软弱，因此才能以弱胜强，以柔克刚。

抗日战争时期，日军攻占洛阳。日本侵略军师团长土肥原贤二亲自拜访了久离政界的前北洋军阀吴佩孚。土肥原贤二的目的是能够请吴佩孚出山，出任华北伪政府首脑。吴佩孚虽然是一个军阀，然而却有着非常强的民族气节。洛阳沦陷前，吴佩孚正好在医院住院，因此未来得及南撤，落入了日本人手中。虽然吴佩孚痛恨当汉奸，但他也不与日本人硬抗，而采取以柔克刚的手段与日本人软碰。第一天，土肥原贤二与吴佩孚深谈了一天，吴佩孚与土肥原贤二谈哲学，谈人生，谈艺妓，就是不谈政治。每当土肥原贤二将话题引向政治时，吴佩孚就叉开。土肥原贤二回去后，觉得是钱没送够，过了一个月派人给吴佩孚送去一万块大洋，吴佩孚笑嘻嘻地照单全收。土肥原贤二觉得有门，马上又去拜访吴佩孚。这次吴佩孚主动将话题引向政治，土肥原贤二非常高兴，可是后来却感到不对劲。吴佩孚说他虽然现赋闲在家，但身兼南北军总司令，只要他一声令下，中国军队马上放下武器。他还会呼风唤雨，一夜间飞到日本再飞回来，告诉土肥原贤二一个秘密，他也是日本人，按辈分天皇还得唤他一声叔。吴佩孚疯了吗？居然胡言乱语？土肥原贤二又好气又好笑，回去后认为钱送少了，便一次下血本再给吴佩孚送去了七万块大洋，吴佩孚又高高兴兴地收下了，并爽快地约定下次见面。土肥原贤二心想，这次总该没有问题吧？没想到当土肥原贤二再次去吴公馆时，早已是人去楼空，原来吴佩孚在接到土肥原贤二七万块大洋的第二天便化装离开了洛阳，去了天津荷兰租界。日本政府知道后，大为震怒，急召土肥原贤二回东京，并撤了他的师团长的职。在这件事情上，吴佩孚表现了一个中国人的气节，又打击了日本人的士气，还能全身而退，不得不说这是一个以柔克刚的成功案例。

蔡锷与小凤仙的故事可谓又是一个以柔克刚的经典案例。1911年武昌起义后，蔡锷出任云南省都督，政绩卓著，深受各界爱戴。蔡锷还在昆明市的云南讲武堂里聚集了一批军事人才，堪称西南地区的实力派领袖。他也因此被窃取辛亥革命胜利果实的袁世凯怀恨在心。1913年9月，袁世凯将蔡锷调来北京，出任参政院参政，授衔昭威将军，意在升官加薪之后把蔡锷控辖在身边，并为他投靠日本，复辟做皇帝出力效劳，否则即刻杀掉。同时在蔡锷身边布下了众多密探，日夜监视或跟踪，严防其图谋反袁。蔡锷早已识破了袁世凯的险恶用心，先是以患过肺病，现今又患上了咽喉病，身体不佳为由，特请袁世凯准予休养一段时间再任职。随后又伪装堕落，贪图女色，经常出入戏院或妓院，给袁世凯一个蔡锷"无出息"，拉不起来，成不了大器的错觉，袁世凯的戒备之心大为松弛。

1915 年夏天，30 岁的蔡锷在妓院结识了年方 16 岁、容貌与弹唱俱佳的小凤仙。小凤仙生于杭州邢姓没落的满族武官人家，十三四岁时，父母死去，她被姓曾的人家买去当丫环，起名叫小凤。一年之后，竟被曾家转卖给上海的清河坊妓院，沦落风尘。不多日后，又来到了北京，在八大胡同的陕西巷青云班当妓女，取名小凤仙，以伴唱卖身为生，过早地领受了人世间的凌辱之苦。但是她正直善良、追求正义，反对邪恶之志不改。小凤仙在与蔡锷相处的日子里，逐渐察知蔡锷是一位文武全才，怀有远大抱负，痛恨袁世凯倒行逆施的将军。于是小凤仙不惜冒杀头之险，情愿帮助蔡锷将军逃出袁氏魔掌，回云南举兵反袁，完成救国大业。

"愿在将军功成日，终身相许结良缘。"

1915 年 11 月 11 日清晨，小凤仙将事前已买好的华贵狐皮大氅给蔡锷穿上，还特地给蔡锷加戴了一个大口罩。陪伴蔡锷出行的小凤仙，更是浓妆艳抹，锦衣绣裙，打扮得花枝招展，有如贵妇人般地挽着将军走出八大胡同，坐上马车去大栅栏等繁华场所，大摇大摆地进商店、逛闹市，还大把花钱买下贵物或年货，两人在说笑中游玩得很开心。那些跟踪盯梢的密探们从背后察看，蔡锷将军一如往常带上小凤仙，在闲逛大街找乐趣，于是也就放松了监视。小凤仙便趁机催赶马车快走，双双进入琉璃厂的荣宝斋。在密室里，蔡锷快速脱掉全身装束，交给战友戴戡穿好，再由小凤仙挎着由戴戡改扮的蔡锷走出荣宝斋，乘等候的马车回到了八大胡同妓院里，终将所有的密探骗过，密探直到次日方才发觉蔡锷逃得无影无踪了。逃离北京的蔡锷将军，经天津到日本，再经香港、河内回到昆明，并于当年年底，发动护国反袁战争，节节胜利，终于同国人一道粉碎了袁世凯的复辟帝制。1916年6月6日，袁世凯在众叛亲离、举国痛骂中死去。护国战争结束，蔡锷荣立了再造民主共和之功勋，彪炳史册。小凤仙冒死帮助蔡锷出逃成功，也以侠女之美誉长留青史。

在这个案例中，玩人玩了一辈子的袁世凯为何被蔡锷骗了呢？就是因为袁世凯太过相信自己的实力，没有防着蔡锷对他采取的是以柔克刚、绵里藏针的策略，硬刀子能够杀人，软刀子一样能够杀人，有的时候软刀子更加难防。蔡锷和小凤仙的故事之所以能够被传颂，并不是他们有多么浪漫，而在于他们骗过了那个一代枭雄、一生骗过无数人的袁世凯。这个故事从另一个角度也告诫我们，永远不要对向你示弱的对手掉以轻心。

以柔克刚也是处理人际关系中必备的技巧。与人发生矛盾时，对方越发怒，你越冷静，对方会越紧张，这样会越容易暴露其弱点，这时候你就有机会一击必胜。就好像屋瓦上的水滴，一滴滴落在石头上，久而久之，石头也会被滴穿。柔软的水滴威力也不可阻挡。以柔克刚是特定时期的一种迂回，它是内心强大的人的处世之道。

05 实现目标之前，保持沉着冷静

别人因一时的成功或失败而骄傲或自卑，而内心强大的人却能做到不露声色；别人因为早上与太太吵了一架，一天的心情都是坏的，不是顶撞上司，就是为难下属，而内心强大的人却能够放下心中的浮躁，丝毫不慌乱，兵来将挡，水来土掩，把事情处理得井井有条。因此，在当今这个充满危险和机遇的世界，内心强大的人总是能够避开危险而抓住机遇。胸怀大志的人很多，但大部分人却是终生碌碌无为。如果检讨一下，也许正是他们缺少沉着冷静的素养。纵观古今中外，真正的高手都是那些能以沉着之心牢牢地驾驭雄心壮志这匹烈马的人。而那些性格急躁的人，纵使再有才华，因为不沉着，往往也会拱手让出非常宝贵的机遇。

曾先生是武汉市一所全国著名高校自动化专业的高材生。他毕业后去了一家大型的国有企业，做项目开发。因为他熟练专业，加之能够勤奋工作，所以他的上司想要重用他。一日，他被叫到他所属部门的主任办公室。刚一进去，主任就指示秘书将门关上，将曾先生带进了自己办公室的小房间里。曾先生心中开始狂跳，因为他最近听说公司要裁减一批员工。但自己平时做得很好，怎么裁也轮不到他的头上吧？但是主任的脸上为什么这么严肃呢？他想到了刚才进办公室时，主任的秘书也用很奇怪的眼睛盯着自己。"你坐！"主任指了指椅子。曾先生怀着忐忑不安的心情坐下，刚准备问叫他来的原因，没有等他开口，主任先开口说话了：

"你有没有注意到，最近公司将原国贸大厦的分部门经理升到总公司了？"

"是的，注意到了。"

"因为这个分部原经理升了职，公司想要在年轻的员工中选一名优秀的员工去接替分部经理这个职位。董事长和我都很看好你，想有意提拔一下你。"

主任说完后，起身看了看窗外，说："只是这件事很保密，在董事长下达人事调令前，只有我和董事长还有你三人知道，不能告诉任何人。因为公司员工中资历比你老的人太多，如果调令下达之前走漏了风声，可能就轮不到你了，知道了吗？"

"知道了，一定保密。"激动的曾先生对主任敬了一个标准的美国式的军礼。

"这下好了，我终于进了公司的管理层了！"曾先生一步三跳地回到了自己的办公室。这个时候，同事便围了上来，问曾先生："主任叫你去办公室做什么，是不是有什么重要的事情发生了？"

"当然有重要的事情要发生了，你们等着瞧好戏了，而且这好戏的主角就是我。"曾先生得意洋洋地翘着腿说。但是具体是什么好戏，无论同事怎么问，曾先生就是不说。

还没有下班，曾先生就开始清理抽屉和办公桌，将自己不用的东西要么送人，要么丢掉，同事问他是不是要调走他也不说。

下班后，曾先生并没有先回家，而是坐公交来到武汉国贸大厦，坐电梯直接到公司分部，却没有想到迎面碰见了主任和分部其他负责人。主任一见曾先生，脸色变得铁青。

"你怎么来了？"

"我来找些资料。"

"都下班了，找资料明天早上再来，还不回去。"主任说完转头就走。

曾先生讨个没趣，便回到家中。晚上，曾先生对老婆说，星期天去看看车，我新上班的地方比较远，开车方便。曾先生的老婆问曾先生要调到哪里工作，曾先生故作神秘，就是不说。从曾先生的高兴样子，曾先生老婆就猜到一定讨到了一个好差事，便偷偷打电话给曾先生的一个同事，自己原来的高中同学。而曾先生老婆的同学非常吃惊，因为没有听任何人说起过这件事情。

曾先生像中了彩票一样苦等了一个星期。公司的调令终于发布了，由曾先生的同事李先生接替国贸大厦分部经理。

曾先生空欢喜一场，回到家中哭天喊地，大骂主任和董事长食言。那么，真的是主任和董事长背信弃义，破坏了他的"好事"吗？当然不是。其实破坏曾先生好事的正是曾先生自己，是他性格太急躁，走漏了消息。人这种高级动物天生就有一种特殊的第六感，把蛛丝马迹联系到一起，去猜，去问，再从对方的反应中归纳，最后得到结论。

内心强大的人之所以能够在这个复杂的世界如鱼得水，很大程度上是因为他们有着普通人没有的处事沉着、冷静的优势。就像世界上最大的爬行动物鳄鱼，能够从恐龙时代活到现在，很大程度上就是因为它们在捕食的时候安静得可怕，安静得让任何动物都感觉不到它的存在。它的大部分时间生活在水里，只是偶尔爬上岸休息一下。它躲在水里的时候，是最清醒的时候，只要一发现猎物，它就会在无声无息间游过去，突然将猎物杀死，速度快得惊人。比鳄鱼大得多的诸如恐龙等爬行动物都因为不能适应新环境而灭绝了，唯有鳄鱼能够在新环境中活下来，这是因为鳄鱼拥有遇事不慌张、冷静沉着的优点！动物如此，何况人乎？

要让自己像沙滩，多大的浪来了，也是轻抚着沙滩，一波波地退去。而不要像岩石，即使小小的浪，也会激起高高的水花。

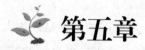

第五章

自省之后改变，会更真实

古人云：吾日三省吾身。每天结束的时候想想自己今天做了什么，反省一下自己，你就会对自己的认识更加清醒，你就能更好地把握自己，让自己每天都能够进步！

01 自省帮你认识真实的自己

哲学家告诉我们，人之所以为人，是因为人会不断地追问："我是谁？"古希腊伟大的哲学三杰之一的苏格拉底一生的最精华的名言是："认识你自己！"人本主义哲学家叔本华常言："谁能告诉我我是谁，我将感激不尽。"叔本华的弟子、大哲学家尼采一遍又一遍地问自己："我是谁？"今天，人类已经可以登上月球，遨游太空，而对认识人类本质的基因科学却刚刚起步。也许"我是谁""认识你自己"这样的问题只要人类存在一天就会一直伴随下去，是一个永恒的问题。

人的一生，都想找到真正的自我。但是找到真正的自我并非易事。找到了真正的自我，你就会清楚地辨明自己在群体中的位置及与他人的关系。你办事就不会眼高手低，处理事情不会急功近利，对自己的能力不会估计过高或者估计过低。你就会更加贴切地把握个人的选择，并有效地进行自我设计和自我完善。然而，如果你没有找到真正的自我，往往会在还没有衡量自己的能力、兴趣、经验之前，便胡乱选择一个过高的目标。如果这个目标没有实现，将对我们的自信心造成严重的打击和摧残，会使我们每天都受尽自卑和疲倦的折磨。

1986年，一队中国旅行团行走在撒哈拉大沙漠上。他们由11人组成，其中有大学教授、家庭主妇、公务员、公司业务员，此外，还有一名8岁大的孩子。沙漠的白昼气温高达五六十摄氏度，他们出门时带的水不久就喝完了。由于他们离出发地已经有了一段距离，又忘记带上指南针，沙漠的风沙使他们迷失了方向。找到水源，成为他们的当务之急。突然，沙漠的远处出现了一片绿洲，他们急忙赶了过去。正当人们准备欢呼的时候，却发现原来的绿洲不见了。这时候有人说："这是沙漠中的海市蜃楼。"高兴的人们顿时收住了笑容，垂头丧气。一路上接连出现三次海市蜃楼，人们渐渐失望了。很多人将自己的尿存在水瓶中以备不时之需。这个时候，远方突然又出现了一片绿洲，所有的人都不相信了。这个时候，那个8岁大的孩子跟她妈妈说："妈妈，前面有水呀！"

"那是海市蜃楼。"

"什么是海市蜃楼？"

"那是欺骗你的眼睛的一种自然现象。"

"我还是不明白。"

这个8岁大的小孩突然跑向那片有水的绿洲，他的母亲一边喊着要他停下，一边在后面追赶他。大约十几分钟后，小孩停下了脚步，大声呼唤身后正追赶自己的母亲："妈妈，真的是水塘，有水，妈妈。"当孩子的母亲赶到之后，发现这真的是一片绿洲，是一条宽宽的水塘。孩子的母亲高兴地把孩子抱起来："你救了我们大家呀！"当其他人赶到绿洲欢呼雀跃的时候，小孩还问他妈妈："什么是海市蜃楼？"

的确，如果不是这个孩子不知道海市蜃楼，大家很可能不往绿洲那个方向走，最后会被困在这了无人烟的大沙漠中。那么，为什么只有这个小孩子能够坚持往绿洲的方向走呢？为什么包括科学家在内的其他大人却放弃了希望呢？这是因为这个小孩子的心房并没有被灰尘所蒙蔽，他就是保持本来的自我，也许他不知道什么是海市蜃楼，但他知道有水的地方就有希望，有希望就不要放弃。

其实，找到真实的自我不是一个结果，而是一个过程。在这一个漫长的过程中，我们首先要做的，是要学会如何检讨我们的过去。

曾子说过："吾日三省吾身：为人谋而不忠乎？与朋友交而不信乎？传不习乎？"意思是，我每天都要检讨自己三次。替人谋事，没有尽我的心吗？和朋友交往的时候诚信吗？有没有每天复习所学到的知识？曾子的日三省其身告诉我们如何通过不断地检讨自己而找到真实的自我的方法。自我检讨是自我进步的梯子，是征服他人的利器。每次自我检讨，就是一次检阅、一次提升、一次重新认识自己的机会。积极地自我检讨，将在很大程度上影响一个人的前途和命运。

爱因斯坦小的时候十分贪玩，他的父亲为此忧心忡忡。有一天上午，爱因斯坦的父亲带着爱因斯坦去野外钓鱼。钓鱼的时候，爱因斯坦的父亲跟小爱因斯坦做了一次较深入的谈心。

"爱因斯坦，你知道为什么我和我们邻居杰克大叔每次清扫完烟囱，你杰克大叔的脸上布满了烟灰，而我却干干净净的呢？"

"因为，爸爸你爱干净，干完活，总是去河边洗脸。"

"你知道为什么爸爸要去洗脸吗？"

"不知道。"

"这是因为，爸爸每次看见杰克叔叔清扫完烟囱后，满脸黑色的烟灰，便检讨自己，觉得自己一定也是满脸的烟灰，便赶快去河边将脸洗干净。而杰克叔叔看见我的脸非常干净，错误地以为自己脸上也干净，所以只洗了一下手就回家了。结果大街上的人都笑痛了肚子，还以为你杰克叔叔是个挖煤的呢！"

爱因斯坦听罢，忍不住和父亲一起笑了起来。

父亲笑完后，严肃地说："其实，谁也不能做你自己的镜子，只有自己才是自己的镜子。而自己的镜子隐藏在自己的心中，只有通过不断地检讨自己，才可以看得清自己的本来面目。而不会检讨的人，会拿别人做镜子，傻子也会被照成天才呢！"

爱因斯坦听完，脸色开始凝重起来。

是啊，只有不断检讨自己，以自己为镜，才可以照得出真实的自我，才可以照出自信，从而一天天地强大起来。但是不断检讨自己，以自己为镜，并非是目中无人、故步自封，而是在向他人学习的同时，永远不要失去自我。

拳王泰森在自己练拳时，专门做了一个和自己长得一样的人形沙袋。有人好奇地问他："你为什么要做一个这样的沙袋呢？""为了和自己较量。"泰森如实相告，"我只有一次次地从技能、力量和心理上不断地战胜自己，才有可能战胜别人。"

后来，拳王泰森出场比赛输掉的时候，他都要往自己"肖像"沙袋打上几拳，警醒自己要不断检讨自己，不要忘记与自己较量，战胜自己。泰森对失败的总结总是信奉失败是一座警钟，令人回首自省，在失败中成长，在失败中坚强，失败对自己来说是一次难得的教育机会，自己能够在不断检讨中获得宝贵经验。而据说又有一次，泰森因为骄傲而输了比赛时，他将他的"肖像"沙袋一拳击穿，尽管满手是血，满地是沙，但他成功地给了自己一次转败为胜的激励。不断检讨自己，与自己较量，一次又一次地战胜自己，也许就是泰森成为拳王的原因所在。

人们常说，最难战胜的对手就是自己。因此，在人生的拳台上，我们要学会与自己较量。通过不断的检讨、反省，发现真实的自我，真正找出自己的弱点，较量出真实自我的勇气和信心、技巧和力量。这样，我们就会成为事业上、生活中的拳王泰森。

检讨我们的过去是对自身的思想、情绪、动机和行为的检查，是自我道德修养的方法，是让人进一步认识自我而不迷失真实的自我的一面镜子，它将我们的错误清楚地照出来，使我们能找回真实的自我。

02 寻找真实的自我

人的一生就是寻找真实自我的过程。走完这个过程，其实就是摘掉假面具的过程。我们生活在这个世界上，从小到大，每时每刻都不得不戴着一副副假的面具。幼儿的时候，我们要戴上听话的乖孩子面具，不要做这，不要碰那，来讨到大人的欢心；求学的时候，要戴上一副好学生的面具，每天起得比鸡还早，做很多作业；谈了女朋友，为了哄女朋友开心，每天要戴上一副所谓成熟男人的面具，给女友以安全感；工作以后，又得戴上一副万金油的面具，在老板面前唯唯诺诺，在同事面前手眼玲珑；结婚后，得戴上一副所谓有事业心、有责任感、疼爱老婆的好好先生的面具；有了孩子后，就得戴上一副为人父亲的严肃面具。那么，请扪心自问一下，什么时候，你才能表达自己真实的想法，做自己真正想做的事情，做真正的自己呢？其实很简单，摘下面具就可以。然而，这又何其困难，我们恐惧摘下面具之后，自己就不能得到戴着面具所得到的那些乖孩子、好学生、成熟男人、万金油、好先生、好父亲的称号了。正是这些你舍不得的称号，才是你痛苦的源泉，是你难以寻找真实的自我的障碍。其实，你与真实的自我仅仅隔了一条河，这条河被称为恐惧河。如果你能够克服恐惧，拼命游过恐惧河，你会发现，真实的自我在向你招手。你终于发现，河对岸是一面巨大的镜子，照出的是不戴面具的你，这才是真实的你。

从前，有一只小兔子，在山里待了很久，它有一个理想：有一天我能像鸟儿一样飞向天空有多好啊！当它把它的梦想告诉爸爸的时候，兔爸爸问它：

"你为什么非要做一只鸟啊？" "因为鸟会飞，能够翱翔于蓝天，能够去很远的地方。" "但是鸟不会像我们那样跳呀！"兔爸爸冷冰冰地说。这只小兔子觉得自己的爸爸是在有意打击自己，于是闷闷不乐起来。小兔子与兔爸爸的谈话被一位山神听见了。

山神来到小兔子跟前问：

"我可以实现你的愿望，让你飞翔起来。" "真的吗？太谢谢山神爷爷了！"小兔子高兴地跳了起来。"但是，如果你变成了鸟，就不能再变成兔子了，你愿意吗？" "当然愿意啊！做一只兔子有什么好呢？"山神便施展法力，将这只兔子变成了一只会飞的小鸟。小兔子的愿望真的实现了，自己终于变成了一只鸟了。它忘我地在天空飞翔，真是太美好了，原来世界这么广大呀！这里有海，那里有河，还有好多好多的人啊！然而，不久之后，麻烦就来了。当小兔子飞累了，想去吃红萝卜时，发现自己怎么也拔不动萝卜了。

这时候飞来一只鸟，对小兔子说："鸟怎么会吃红萝卜呢？鸟都吃的是树上的小虫呀！"当小兔子趴在树上啄小虫的时候发现自己并不爱吃虫子，并且感觉很恶心。这时候，突然下起大雨来，当所有的兔子都躲进洞的时候，变成鸟的小兔子却到处找不到地方避雨，只能待在树干上用并不怎么挡雨的树叶暂时遮雨。小兔子开始有些后悔了。雨停了，当小兔子找其他兔子玩的时候，别的兔子都说："鸟应该和鸟玩，怎么能和兔子一起玩呢？"而当小兔子找到鸟玩的时候，别的鸟却说："我们不和喜欢吃红萝卜的怪鸟玩。"小兔子懊悔急了，便飞到山神那里恳求山神，希望山神把自己重新变成一只兔子。而它的要求被山神拒绝了。又饥又冷的小兔子晚上不得不孤零零地飞到一颗树干上休息，然而怎么也睡不着觉，因为自己从来不睡在树上。森林的夜晚很静，小兔子伤心地对自己说："我要还是一只兔子该多好啊！我还可以啃红萝卜，还能跑到山洞去躲雨，还能和别的小兔子一起玩耍，睡觉也可以睡在舒服的山洞中。"突然一阵风将小兔子重重地摔在地上。"真疼啊！"小兔子睁开了眼，发现已经天亮了。这时候小兔子张开了翅膀准备飞的时候，发现自己飞不起来了，心想："怎么回事，难道是翅膀摔坏了吗？""小兔子，小兔子，我们一起玩。"小兔子身边突然来了一群其他的小兔子。"我现在变成了鸟，怎么能够跟你们玩呢？"小兔子伤心地说。"说什么梦话呀，你什么时候变成了鸟，你还是一只兔子呀！"别的小兔子说。小兔子不相信，跑到河边照了一下自己，发现自己仍然是一只兔子呀，原来那是一场梦。它又高高兴兴地和其他兔子一起吃红萝卜，玩耍去了。

我们就是这只想变成鸟的小兔子。为了实现所谓翱翔于蓝天的梦想，我们宁愿戴上自己并不喜欢的面具，去扮演并不适合自己的那些外表光鲜的乖孩子、好学生、成熟男人、万金油、好先生、好父亲。我们戴上面具的那一刹那，就开始不是本来的自己了，而成了别人。就好像小兔子那样，被山神变成了小鸟后，虽然可以在天空中飞翔，但是却失去了自己最爱吃的食物、最好的伙伴、最安全的山洞以及最舒适的床，最后只能孤零零地站在树干上无助地与黑暗为邻。我们也一样，从戴上面具的那一刻开始，我们就失去了童真、欢乐、青春、自由，而变成了用模具做出来的那些冷冰冰的角色。也许在别人眼中，我们是幸福的，就好像鸟儿在小兔子的眼里是幸福的。但是，这种快乐只是短暂的、虚幻的。

在印度西部的马哈尔丛林中，当地人捕捉猴子，总要在一个固定的盒子里放一个猴子们最爱吃的核桃。而盒子上，只留一个能让猴子的前爪伸进去的小口子。当猴子一旦抓住那只核桃，前爪就无法抽出来，那只猴子就只能束手就擒了。

其实，猴子被捉住的原因很简单：因为它们舍不得放下手中的核桃。就像我们，舍不得摘掉自己脸上的假面具。猴子喜欢吃核桃，并想拥有核桃，就像我们需要实现兔子眼中鸟的幸福，这本无可厚非。然而，我们如果为了实现鸟的幸福而戴上假面具，迷失了真实的自我，那么我们就和那些为了一点点核桃而送命的猴子一样愚蠢。我们要学会摘下自己的假面具，放弃会要我们命的陷阱核桃，给自己的心房洗个澡，给真实的自我打一个约会电话，人生才会更有意义一些。

著名的科学家、进化论的先驱达尔文曾经做了一个实验，为他的进化论提供了非常好的启发。有一次他来到一个非洲部落，发现这个部落的人还过着茹毛饮血的生活，并且保留着人吃人的原始恶习。他非常痛心："世界已经进入文明时代，而这里的人还这么野蛮残忍，我一定要设法改造他们。"达尔文花了高价买了当地两个男孩，把他们带回英国，用现代文明的教育去培养他们，目的是将这两个小孩变成一个"文明人"，然后去改造这两个孩子的同胞。达尔文花了十余年的时间把这两个孩子培养成"文明人"，然后将他们送回这个非洲部落。令人没有想到的是，不到三年，其中一个孩子就被当地人给吃掉了，而另一个却成为部落的酋长。达尔文非常奇怪，问明原因才知道，那个被吃掉的孩子总是设法将自己与其他人区别开来，总是显示自己是文明人，告诉别人，他是来改造部落的野蛮人的；而当上酋长的男孩却相反，他千方百计地去融合到部落中，和当地人一起睡、一起吃、一起去打猎、一起去祭祀、一起跳舞，生活习惯与部落中其他人完全保持一致。这个当上酋长的男孩就是以后非洲唯一实现近代化、保持独立的国家——埃塞俄比亚的开国皇帝。

那个男孩当上皇帝的事情是后话，但是，同样接受英国教育的两个男孩为什么命运的差别这么大呢？这是因为，那个被吃掉的男孩一直是带着一个文明人的面具去生活，他忘记了自己的皮肤仍然是黑的，自己仍然是一个非洲黑人。而另外一个男孩就比较聪明，他虽然也受过英国的教育，但他并没有忘记真实的自己，毅然决然地摘掉了文明人的假面具，与当地人水乳交融，而结果是他当上了酋长，实现了用自己的行动改造这个原始部落的愿望。这两个男孩的使命都是改造这个吃人的部落，一个被吃掉了，一个成功了，不正好说明如果能够摘下假的面具，做回真实的自我，比戴上假面具更有优势和力量吗？

03 发现自己的优点和长处

两千多年前，古希腊伟大的数学家阿基米德说："给我一个支点，我可以撬起地球。"两千多年后的今天，你要对自己说，给我内心一个支点，我可以改变未来！这个世界运行永恒不变的规律是任何事物的整体都是由一个很小很小的支点支撑着。如果拿掉这个支点，再庞大的物体也会应声倒下。地球再大，整个地球的重心却集中在一个渺小得不能再渺小的点上，这个点就是地球的支点，找到这个支点，你就能够撬起地球。地球尚且如此，何况是地球上的生物。地球上的一切生物都需要空气，但生物真正需求的是仅仅占空气中 21% 的氧气。换句话说，这21% 的氧气就是空气的支点，没有它，空气对我们来说就是废气。全世界淡水资源仅仅占全世界水资源的 2.7%。如果一夜之间，淡水全部变成海水，这个世界将只剩下鱼可以存活。我们称这种少数决定整体的定律为支点定律。

支点定律不仅适用于自然界，应用在人类社会更是如此。在人类社会中，只有 20% 的人用脑子赚钱，而 80% 的人用双手赚钱。我们会羡慕用脑子赚钱的人，因为他们比占 80% 的绝大多数人赚钱又多、又轻松。除此之外，大家会发现，历史书上记载的引领这个世界前进的人物无不是用脑袋赚钱的人。假如失去了这些少数的用脑袋赚钱的人，世界将停止前进的脚步。不管你愿不愿意承认，用脑袋赚钱的人是人类的支点，他们决定着80%的用双手赚钱的人的命运。

　　法国思想家圣西门曾在《寓言》一文中提出了一个有趣的假设：假如法国突然损失了自己的50名卓越的物理学家、50名卓越的化学家、50名卓越的诗人、50名卓越的工程师，法国立马就会变成一具没有灵魂的僵尸。这是对支点定律的精彩解释。如果不相信，我们再来看下面一组数据。据统计，这个世界上20%的人拥有这个世界80%的财富。中国80%的精英集中生活在占中国仅20%的大城市。一个公司销售业绩的80%是公司20%的销售精英完成的。一个公司80%的利润来自20%的客户。往小了说，你一天打的所有电话，如果一共打了10个，8个是打给同一个或两个人的。你上网聊QQ，80%的时间是花在仅占你20%的好友身上。这就是少数决定多数的支点定律。那么，了解了支点定律，能够帮助我们什么呢？简而言之，我们要找到决定我们内心世界的那个很小的支点，用以撬动我们生命的机关。

　　那么，如何找到我们内心的支点，并且很好地去利用呢？我们内心的支点其实并不神秘，它就是我们最擅长做的事情。每个人的天赋都不一样，因此做你擅长的事情，往往事半功倍，反之则会徒劳无益、事倍功半。西方有句谚语："没有错的人，只有摆错位置的人。"英国散文家托马斯·卡莱尔也曾说："世界上最不幸的人要数那些说不清自己擅长做什么的人；发现自己天赋所在的人是幸运的，他不再需要其他的福佑，他有决定自己命运的事业，也有了一生的归属；他找到了自己的目标，并将执著地追求这一目标，奋勇向前。"

然而，纵观我们生活的这个世界，有多少人每天朝九晚五上班、下班，重复做自己根本没有兴趣的事情，过这种重复、单调的生活，一生碌碌无为。你会发现那些在各行各业崭露头角的名人，无不在做和自己天赋相关的事情，对吗？越尽早发现自己最擅长做的事情，成功的可能性越大。德国著名作家席勒20岁时曾被送到斯图加特的军事学校学习外科医学，但他对医学根本不感兴趣。他热衷于当时非常时髦的剧本创作。他在监狱似的学校里私下创作出第一部剧本——《抢劫者》，不久便引起了轰动。接着他又接二连三地创作出一系列的传世佳作，成为那个时代最有才华、最著名的剧作家。席勒没有成为一名优秀医生，但丝毫不影响他这位剧本创作巨人的诞生。当然，席勒是幸运的，因为很多拥有极大天赋的人一生都默默无闻，最终老死在自己并不擅长的工作岗位上，不能不说是一件悲哀的事情。

谈了这么多，总而言之，一个人的价值就是通过他最拿手的那个东西决定的。这个最能拿手的东西就是我们生活在这个金字塔世界的等级排序的序号。你是否排在金字塔的上层就决定了你是否是一个有地位的人。这就是这个世界的游戏规则，不了解它，我们在这个世界上只有迷路。这条路决定了金钱的归属，决定了豪宅酷车的归属，决定了美女的归属。这条路上有权力也有奴役，有金钱也有穷困，有名人也有人名，有脸厚心黑也有老实善良，有溜须拍马也有正直公正，但是这些都只是路边的风景，而你最擅长做的事情则是这条路的航标和终点。这意味着，无论你现在是"富二代"还是"穷二代"，无论你现在是成功者还是失败者，能够适应这个游戏规则，你就能够继续活下去，不能适应，就只能被淘汰出局，任人羞辱。

天分可能看起来很渺小，但是它却是我们社会地位的标签。没有天生失败的人，只有把自己放到了一个错误位置的人。

04 对自己敞开心扉

我们的生命像一棵树一样，必须先要开花，才能结果。我们要想获得成功，就得内心强大，但是内心强大的前提就是要对真实的自我敞开心扉。

有一个小男孩看完马戏团的精彩表演之后，问他爸爸："大象有那么大力气，它们为什么不挣开系在它们脚上面的一条小小的锁链呢？"他的父亲笑了笑："没错，大象是挣脱不开这条细细的锁链的。因为，在大象还小的时候，力气不够大，小象确实挣脱不开这条锁链。但是等小象长大了以后，却一直以为自己还像小的时候那样挣脱不开，所以就甘心受那条锁链的限制，而不再逃脱了。"

看完这个故事，我们会不会会心一笑呢？我们自己像不像这个拥有庞大躯体却受制于一条细细的锁链的大象呢？其实，我们就像这头大象一样，我们的内心世界在小的时候就被大人们灌输的一些陈旧的思想紧紧地锁住了。这些思想虽然在我们小的时候有助于保护我们自己。但是现在我们长大了，力量和小的时候不可同日而语了，我们不再需要过度保护自己，我们需要做的就是砸破那些陈旧思维的锁，去开放封闭已久的内心世界的大门。然而，来到了这个门面前的时候，我们发现这个门并不能轻易打开。那些锁住我们真实内心世界的大锁早已经锈迹斑斑，因为在我们成长的环境中，我们一直把这些困住我们内心世界的大锁，即从小接受的那些固定思维当成了习惯，视为理所当然，这就是大锁铁锈的原因所在。因此，要打破这些锁，就必须先洗去这些锁上的斑斑锈迹，也就是要先颠覆一直以来被我们深信不疑的那些所谓的"真理"。

我们从小到大都被教育要成为父母心中的好孩子、老师心中的好学生、同学心中的好伙伴、公司的好员工、老婆的好丈夫、孩子的好父亲。因此，我们非常在意"别人会怎么想"。现在，我们就要洗涤这第一个锁在我们心房的大锁中的铁锈。这把锁的铁锈，跟随我们的时间几乎和我们的年龄一样长，也被我们认为是理所当然。它就像是传染病，被传染的我们还会传给我们的下一代。那么，这种传染病有什么危害呢？最大的危害是它让我们失去了个性，生活在别人的评价当中，为别人而活，失去了自我。

曾经有一块石头在深山里寂寞地躺了很久，它有一个理想："有一天，我能够飞起来有多好啊！"当它把自己的梦想告诉其他石头时，立即招来同伴们的嘲笑："心比天高、命比纸薄的典型呀！""真是幻想！""真的不知道自己几斤几两。"

可是这块石头并不理会同伴们的闲言碎语，仍然持着会飞的梦想生活。这块石头经过风吹雨打，日积月累，吸取天地之精华，过了不知道多少年，终于长成一座大山。这时候，人类为了修路，开始炸山开路。一声惊天动地的巨响，山炸开了，无数石头飞向了天空。在飞的一刹那，石头会心地笑了，它终于体会到了飞翔的快乐。但它不久就从空中摔下来，变成了原来的样子。其他同伴问他："后悔吗？"这个石头自豪地说："不，我不后悔，我长成过一座山，而且我飞翔过！"

是啊，如果当初这个石头那么在意别人怎么想，它早就灰心丧气，不会努力使自己长成一座山，更没有机会飞起来了。

那么，如何打破心中的瓶颈呢？我们不妨来个换位思考。我们将要做的事情当作和我们格斗的敌人。当我们坚持不了，想要放弃的时刻，我们这个敌人也一定到了快要崩溃的边缘。这个时候，双方不再是较量能力了，较量的是互相的坚持力。如果我们能够咬紧牙关，再给这个敌人一拳，说不定就是这一拳，你就是冠军了。曾经有一个举重冠军，当被采访如何打破世界纪录时，他说："我并不是举重选手中最优秀的，当时有一种说法，称科学统计举起500磅是人类的极限，所以所有的举重选手都认为这个数字是无法超越的。而我当时举重之时，选择的是499磅，而恰恰这个时候出现了工作人员的失误，杠铃达到510磅，而我一下子就举起来了。"

的确，打碎"我坚持不了了，放弃了"这个枷锁的秘诀就在于两个字——"坚持"。只要再坚持一会儿，哪怕是一秒钟，赢的机会就有可能出现，但是，如果放弃了，连机会都会没有了。

"失败是成功之母"。这个枷锁，植根于我们心中很深。我们屡败屡战，结果却屡战屡败。失败不是成功之母，失败只能是失败之母。如果我们失败了，不去找失败的原因，而是盲目地马上重新再来，那么结果只能是一败再败。

1864年9月3日这天，斯德哥尔摩市郊突然爆发了一阵震耳欲聋的巨响，一个30岁年轻人的工厂被炸得荡然无存。这个人就是后来创办诺贝尔奖金而闻名于世的阿尔弗雷德·贝恩哈德·诺贝尔。这场事故的原因是诺贝尔在这个工厂所做的炸药实验失败了，但幸运的是他因为临时有事，所以逃脱了这一劫。诺贝尔没有灰心，继续做炸药实验。他改进了做实验的安全设施，再也没有出过这类事故。不久，实验又失败了，这次不是爆炸，而是他实验的炸药淋了雨而不响了。马上，诺贝尔改进了技术，发明了防水炸药。正是一次次从失败中发现问题，改进技术，诺贝尔终于发明了我们今天所用的硝酸甘油炸药，他自己也成为伟大的发明家。

我们在这里说的并不是诺贝尔屡败屡战的精神，而是强调他如何从失败中吸取教训、改良技术的精神。失败不是成功之母，成功之母是吸取失败经验、亡羊补牢的精神。

当我们洗涤了植根于我们内心世界门上的锁，我们会发现，这锁其实并没用锁芯，只是锁上面的锈将锁眼堵住了。推开内心世界的大门，我们重新见到了我们的内心世界。它其实是一间非常恬静的小屋，但在这里，我们找到了真实的自我。

05 培养积极的心态，完善自己

尽管人天生而来的性格具有很大的稳定性，但也不是不可改变的，只要有足够的恒心与信心，每个人都可以培养自身良好的个性。如果说个性生存理论让我们第一次这么清晰地认识了自己，并深刻地领悟到：命运实际掌握在我们自己手中，那么同时，我们还必须找到培养我们卓越个性的最佳途径，这样我们所做的一切才不是纸上谈兵，而是在现实生活中切实可行的。

个性塑造，并非是千篇一律地将人们的种种个性都熔进一个模子里铸成一个模板来，使人人都一模一样。相反，我们是要提出人们个性的基本点、共同点，在人们知道自身、了解自身个性之后，去完善与提升自己的个性。

我们能做的仅仅是帮你奠定好个性的基石，帮你建构优良的个性架构，剩下的，靠你在生活与工作中自己去完善。

无论在任何情况下，都应具备积极心态。这种心态是由"正面"的性格因素，诸如"信心""正直""希望""乐观""勇气""进取心""慷慨""耐性""机智""亲切"以及"丰富的常识"等构成。

让我们来看一下消极心态会造成什么影响。消极心态会浇熄你的热忱，禁锢你的想象力，降低你的合作意愿，使你失去自制能力，容易发怒，缺乏耐性，并且使你丧失理性。

消极心态对你的破坏力是多么巨大。消极心态只会为你树立敌人，并且摧毁你的成就，离间你的朋友。

积极的心态将为你开启一扇门，并给你展现技巧和雄心壮志的机会。

积极心态也是其他各种个性的构成要素，了解和应用其他个性，将会强化你的积极心态。

有了积极的心态是不够的，我们还需要坚定的信心。

有人问球王贝利："您最得意的进球是哪一个？"贝利乐观自信地说："下一个！"就是这不满足于现状的"下一个"，使球王贝利数十年在球场驰骋，踢出了一个比一个更精彩的进球，成为享誉中外的"球场王子"。可以看出，乐观自信能使人树立更高的目标，去战胜巨大的困难，取得最终的胜利，所以爱默生说："自信是成功的第一秘诀。"居里夫人也曾说："我们要有恒心，要有毅力，更重要的是要有自信心。"

无数自然科学秘密的发现都是由乐观自信推动的，许多重大的发明都离不开这种执着和勇气，跌倒了再爬起来，失败了再来一次，挫折挡不住不屈者前进的道路，成功的脚本要靠你自己去写。

著名的莱特兄弟初次飞行时，曾被人讥笑是异想天开。但莱特兄弟充满信心地说道："即使上天的梦想永远是一个梦，我们也要在梦中像鸟儿一样离开大地，到湛蓝的天空中飞翔。"

一次次地试验，一次次地失败，莱特兄弟的耐心被考验到了极点。当又一次看到飞行器刚刚离开地面就又被撞得粉碎时，莱特兄弟再也承受不住了，面对着讥讽他们的飞行器是"永远飞不起的笨鸭"的人而流下了眼泪。但当他们执手相拭泪眼时，他们竟又同时说："兄弟，让我们擦干眼泪再来一次，我想我们最终会成功的。"

终于，飞行器平稳地离开了地面。尽管只是短短的几十秒钟，但从此人类像鸟儿一样在天空中飞翔的梦想，已经变成了可触摸得到的现实。从这一刻起，人类不再羡慕鸟儿的自由。

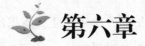

第六章

改变自己，让自己变得自信

如果没有自信，你怎么来做事；如果没有自信，你怎么来和别人交往；如果没有自信，你如何来面对工作和生活中遇到的难题？改变自己，让自己变得自信，你才会成功；拥有了自信，你才能在工作和生活中如鱼得水！

01 不做"不自信的老板"

担任副总经理的朋友告诉我一件匪夷所思的事情：他的上司，总经理，午饭时间竟然跑到他的办公室去，在他的电脑前呆坐良久。躲在外面的他进去不是，不进去也不是，只好退后几步，装作急匆匆冲进办公室的样子，对总经理嚷嚷："怎么，东西忘这儿啦？"然后目送自己的老板仓惶离开。再看看电脑屏幕，停留在 Outlook 收件箱界面上，原来总经理是在查看邮件内容。

据说这位新上任不久的总经理，对自己严重缺乏自信。不知道是因为没出国留过洋的缘故，还是因为这一次的非常规越级提拔也同样给他带来了非常规的超级压力，他极其渴望赢得同事的认可和尊重。

这种渴望迫使他想听到同事背地里对他的议论，想知道美国总部对他的评价，当然更想弄清楚有洋学历的副总经理是怎样和美国总部谈论他的。于是亲自客串了一回商业间谍。其实不自信并不可怕，再能干的老板都有不自信的时候。明智的人会用种种方法弥补自己的不自信，当然这些方法并不包括偷看别人的电子邮件。

和我共事过的一位香港老板刚到大陆工作的时候，曾经很诚恳地对大家说："我对这边的文化不太了解，可能会在有些事情的处理上产生误会。如果有此类事情发生，请你们一定要告诉我原委，帮助我找到更好的解决方法。"

一个香港人就这样轻松打破同事的戒备。看似简单的几句话，其实并非人人说得出口。既然做了老板，怎么能够"不太了解"呢？事实上的情况是，就算当上地球之王，也会有"不太了解"的时候。而且，官越大，应该了解，而实际上却不了解的东西越多。如果说香港老板采取的是"以无招胜有招"的手段，老老实实把自己暴露在同事面前，等着别人的援助的话，那么另一位从医药行业被猎头到时装行业的高层则采用了以静制动的策略。在最初的一两个月里，她拼命地请认识的朋友吃饭，了解这个全新行业的蛛丝马迹，每天把睡眠降到 3 小时，阅读这个行业的参考书籍。结果她讲出来的术语和数据，居然让新同事都以为她是资深内行。虽然她新入行，而她的同事已经在这个行当里打拼了十数年，但至少在这一刻，新入行的人是自信的，而那位资深同事会突然地不自信起来。

02 自己走的路，要敢于坚持

1842 年 3 月，在百老汇的社会图书馆里，著名作家爱默生的演讲触动了年轻的惠特曼："谁说我们美国没有自己的诗篇呢？我们的诗人文豪就在这儿呢！……"这位身材高大的当代大文豪的一席慷慨激昂、振奋人心的讲话使台下的惠特曼激动不已，热血在他的胸中沸腾，他浑身升腾起一股力量和无比坚定的信念，他要渗入各个领域、各个阶层、各种生活方式。他要倾听大地的、人民的、民族的心声，去创作新的不同凡响的诗篇。1854 年，惠特曼的《草叶集》问世了。这本诗集热情奔放，冲破了传统格律的束缚，用新的形式表达了民主思想和对种族、民族和社会压迫的强烈抗议。它对美国和欧洲诗歌的发展有着巨大的影响。

《草叶集》的出版使远在康科德的爱默生激动不已。诞生了！国人期待已久的美国诗人在眼前诞生了，他给予这些诗以极高的评价，称这些诗是"属于美国的诗""是奇妙的""有着无法形容的魔力""有可怕的眼睛和水牛的精神。"《草叶集》受到爱默生这样很有声誉的作家的褒扬，使得一些本来把它评价得一无是处的报刊马上换了口气，温和了起来。但是惠特曼那创新的写法、不押韵的格式、新颖的思想内容，并非那么容易被大众所接受，他的《草叶集》并未因爱默生的赞扬而畅销。然而，惠特曼却从中增添了信心和勇气。1855 年底，他印起了第二版，在这版中他又加进了 20 首新诗。

1860 年，当惠特曼决定印行第三版《草叶集》，并将补进些新作时，爱默生竭力劝阻惠特曼取消其中几首刻画"性"的诗歌，否则第三版将不会畅销。惠特曼却不以为然地对爱默生说："那么删后还会是这么好的书吗？"爱默生反驳说："我没说'还'是本好书，我说删了就是本好书！"执着的惠特曼仍是不肯让步，他对爱默生表示："在我灵魂深处，我的意念是不服从任何束缚，而是走自己的路。《草叶集》是不会被删改的，任由它自己繁荣和枯萎吧！"他又说："世上最脏的书就是被删灭过的书，删减意味着道歉、投降……"

第三版《草叶集》出版并获得了巨大的成功。不久，它便跨越了国界，传到英格兰，传到世界许多地方。

爱默生说过："偏见常常扼杀很有希望的幼苗。"为了避免自己被"扼杀"，只要看准了，就要充满自信，敢于坚持走自己的路。

03　想要自信，先超越自卑

自卑是一种消极的自我评价或自我意识。一个自卑的人常常会低估自己的形象、能力和品质，总是拿别人的优点来和自己的缺点对比，认为自己事事不如人，从而丧失自信，悲观失望，不思进取，甚至沉沦。其实，不论一个人有多么优秀，或多或少都有自卑心理。要知道，人无完人，每个人身上都有缺点或者不足，只要觉得自己有不完美的地方，就会产生自卑的感觉。但是，一定要将自卑控制在一定范围之内，如果让它成为生命的主宰，那就只会变成它的奴隶。所以，我们要放下自卑，相信自己，充分认识自己的长处，找到自信，让自信照亮人生。

农夫家养了一只小黑羊和三只小白羊。三只小白羊非常骄傲，因为它们有雪白的皮毛，因此它们对那只小黑羊不屑一顾："你看看你自己，像什么啊，黑不溜秋的，跟锅底一样。"

"依我看呀，它身上的毛就像炭灰。"

"我觉得更像盖了多年的旧被褥，脏兮兮的。"

不但三只小白羊不喜欢它，就连农夫也看不起小黑羊，总是把最差的草料给它吃，看它不顺眼了就对它抽上几鞭。小黑羊总觉得自己是寄人篱下的可怜虫，它很自卑，觉得自己不够漂亮，还脏兮兮的，连自己都认为比不上那三只小白羊，常常伤心地独自流泪。

这一天，天气很不错，小白羊和小黑羊一起到外面去吃草，不知不觉，它们已经走得很远了。不料寒流突然袭来，下起了鹅毛大雪，又刮着风，它们都觉得很冷，就躲在灌木丛中相互依偎着……没多久，灌木丛和周围积满了厚厚的雪。这时它们才打算回家，可是雪太厚了，根本没法行走，几只羊只好挤在一起，等着农夫来救它们。

农夫看到天气突变，便立刻上山寻找，但雪下得很大，四处都是白茫茫的。农夫正在着急地四处张望，这时突然发现远处有一个小黑点，便赶紧跑过去。到那里一看，果然是他那濒临死亡的四只羊羔。

农夫抱起小黑羊，感慨地说："多亏了小黑羊，不然，羊儿可能要冻死在雪地里了！"

这个故事告诉我们，不要总是盯着自己的缺点，任何事物都有自己的可取之处。况且，凡事都不是绝对的。鱼儿虽然没有翅膀，却在水里自由自在；雄鹰虽然没有强健的四肢，却可以在天空任意翱翔。我们的缺点，有时反会激发出另一方面的优势。只要自己调整好心态，就可以坦然地面对一切。

要对自己充满信心，相信自己一定能行。一个有自信的人喜欢不断尝试，为了自己的梦想，他们会尝试许多次，就算遭遇失败也不后悔；一个充满自信的人能够从失败中吸取教训，让自己做得更好；一个自信的人在任何时候都能坦然地接受失败，他们懂得：只有经受失败的锤炼，才能收获真正的成功。

被人们称为"全球第一 CEO"的美国通用电气公司前首席执行官杰克·韦尔奇曾有句名言："所有的管理都是围绕'自信'

展开的。"凭着这种自信，在担任通用电气公司首席执行官的20年中，韦尔奇显示了非凡的领导才能。韦尔奇的自信，与他所受的家庭教育是分不开的。韦尔奇的母亲对儿子的关心主要体现在培养他的自信心。因为她懂得，有自信，才能有一切。

韦尔奇从小就患有口吃症，说话口齿不清，因此经常闹笑话。韦尔奇的母亲想方设法将儿子这个缺陷转变为一种激励。她常对韦尔奇说："这是因为你太聪明，没有任何一个人的舌头可以跟得上你这样聪明的脑袋。"于是从小到大，韦尔奇从未对自己的口吃有过丝毫的忧虑。因为他从心底相信母亲的话：他的大脑比别人的舌头转得快。

在母亲的鼓励下，口吃的毛病并没有阻碍韦尔奇在学业与事业上的发展。而且，注意到他这个弱点的人大都对他产生了某种敬意，因为他竟能克服这个缺陷，在商界出类拔萃。美国全国广播公司新闻部总裁迈克尔就对韦尔奇十分敬佩，他甚至开玩笑说："杰克真有力量，真有效率，我恨不得自己也口吃。"

韦尔奇的个子不高，却从小酷爱体育运动。读小学的时候，他想报名参加校篮球队，当他把这一想法告诉母亲时，母亲便鼓励他说："你想做什么就尽管去做好了，你一定会成功的！"于是，韦尔奇参加了篮球队。当时，他的个头几乎只有其他队员的四分之三。然而，由于充满自信，韦尔奇对此始终都没有丝毫的觉察，以至几十年后，当他翻看自己青少年时代在运动队与其他队友的合影时，才惊奇地发现自己几乎一直是整个球队中最为弱小的一个。

在培养儿子自信心的同时，母亲还告诉韦尔奇，人生是一次没有终点的奋斗历程，你要充满自信，但无须对成败过于在意。

有些人表面上看自尊心很强，对于来自各方面的"轻视"非常敏感，实际上是缺乏自信心。同样一件微不足道的小事，在真正有自尊心的人看来没什么大不了，却会强烈刺激自卑者的感情。爱默生说过："有史以来，没有任何一件伟大的事业不是因为自信而成功的。"一个人拥有了自信，就等于为成功做好了准备，而自卑会对我们自身的发展造成很大的障碍。因为凡是自卑的人，意志一般都比较薄弱，遇到困难时容易退缩，处事小心翼翼，缺少面对困难的勇气。他们还会怀疑自己的价值，缺乏安全感。

自卑还会给人际交往带来一定的负面影响。因为自卑的人容易情绪低沉，常会因怕对方瞧不起自己而不愿与人来往，而人际交往中的困惑又容易让他走进死胡同。要记住，自卑是成功的大敌，应该尽自己最大的努力克服，否则，就会给自身的发展带来负面影响。因此，我们要放下自卑，让自信照亮人生。

04 相信自信的力量

自信就是这样一支火把，它能最大限度地燃烧一个人的潜能，只因你飞向梦想的天堂。每个人在一生中都有刻骨铭心的经历，是把玩和炫耀这段人生，还是从中领略经验体会，实际上是能否成大事的两种态度。哈佛大学研究说：成功——智商（IQ）占20%，情商（EQ）占80%，其实现在我理解的应该加上体商（AQ），因为没有10%的体商做保证，上面都是空谈。剩下就是突出自信的重要性。居里夫人在给她姐姐的信中写道：

我们生活的都不容易，但是那有什么关系？我们必须有志向，尤其要有自信力！我们必须相信我们的天赋是用来做某种事情的，无论代价多大，这种事情必须做到。因为自信，毛遂脱颖而出；因为自信，布鲁诺视死如归；因为自信，比尔·盖茨弃学从商；因为自信，关云长单刀赴会，发出了"任它曹营千万兵，还看我青龙偃月刀"的豪言壮语。自信就是一种催化剂，他能让你的成功达到难以想象的高度。志向产生自信，自信产生热忱，以热忱之力可以征服世界。伟大的目标产生伟大的毅力。毛泽东早年就曾写下："自信人生二百年，会当击水三千里"的诗以明志。自信是生命和力量，自信是奇迹，自信是创历史之本！天助自助之人。有人问美国的石油大王洛克菲勒："洛克菲勒先生，假使你的财富一晚上化为乌有，您会怎么办？"洛克菲勒自信地笑着说："给我 10 年的时间，照样再创造一个洛克菲勒帝国！"有史以来，没有什么伟大的事不是因为自信和热忱而成功的。一心朝着自己目标前进的人，整个世界都会为他让路。相信自己能行，便会攻无不克。失去金钱的人，失去很少；失去健康的人，失去很少；失去自信的人，将失去一切。大家可能都听说过那个故事，同样是牧羊孩子的故事，其中一个讲的是，一名记者问他你放羊是为了什么，挣钱；挣钱做什么，娶媳妇；娶媳妇做什么，生娃；生娃做什么，放羊。另外一个讲的是；一个贫穷的牧羊人，领着两个孩子放羊。弟弟望着天上飞过的大雁说："要是我们能飞就好了，就能飞到天堂看妈妈了。"父亲说："只要想飞，就一定能飞上天，相信自己。"后来两个孩子坚信父亲的话，更相信他们自己一定能飞起来，最终，经过努力，他们飞上了蓝天，他们就是飞机的发明者——

莱特兄弟。自信就是这样一支火把，它能最大限度地燃烧一个
人的潜能，指引你飞向梦想的天堂。

05 如何才能变得自信

自信才能成功，然而有太多的人整天感到自卑，他们被环
境和自我限制所困扰，无法施展自己的才能，眼睁睁地看着别
人快乐生活，自己却在自卑的迷雾里艰难前行。心理学揭示了
每个人都有无穷的能量，但是并不是每个人都这么认为，怎样
才能激起人体内的无穷的能量呢？如何才能达到真正的自信？
怎样才能建立强大的自信心？步骤如下：

（1）准备好一支笔和一张白纸，用笔在中间画线，然后在
两边写下你的十个优点和十个缺点，用形容词，比如说，左边
写优点：豪爽的，聪明的等，右边写缺点：暴躁的，不虚心——
不要在心里说"但是什么什么"，不要辩驳，只要如实写下来，
认真地写，心无旁骛。务必完成这一步，然后再进行下一步。

（2）在你写的十个缺点旁边写下对应的类似意思但是确实
褒义的词语，比如和"固执"对应的褒义词语是"严谨"，和"浮
躁"对应的褒义词语是"热情有活力"。

（3）类似第二条，在你的优点旁边，写下十个优点对应的
意思类似却是贬义的词语，比如"聪明"对应的贬义词是"优
越感""豪爽"对应的贬义词是"粗枝大叶"。

（4）不知道你注意到了没有，其实所有的优点同时也是缺
点，缺点也是优点。这说明了每个人都不完美，我们拥有很多

的"特点"，这些"特点"有一些是与生俱来的，而有一些却是在生活和工作中学来的，正是这些"特点"组成了一个特别的我们，才能显现出个性，这就是你的价值所在——你的与众不同。

（5）你难道不觉得可以停止对自己的批评？你愿意吗？现在开始停止批评嘲笑自己，停止否定自己，开始尝试着接纳自己的一切，不管优缺点，无论是身高、体重还是长相出身……你就是这样，不是完美的，不管你喜不喜欢，虽然不完美，但是也不是差到要去撞墙，不管你评不评价你，别人评不评价你，都无法改变一个事实——"你就是这样的"，事实不因为别人和你的评价而改变，也不因为你不对自己评价而改变——这就是你，你本来的样子。开始逐渐接受这样的自己，闭上眼睛，心里默默重复这几句话，自信自然会来的。

（6）从今天开始尊重自己内心的感觉。与人交往的时候，做任何事都关注自己的感觉是什么。为了生存，生活中我们被迫做许多自己不喜欢的事情，与不喜欢的人交往。但是从现在开始，你为什么不尝试着想一下，在开始做那些不喜欢做的事情时，你问问自己不喜欢这件事的什么，这件事的什么让你如此的厌恶，你应该怎么改进才能够改变这种局面呢？

尊重你的感觉，并面对你的感觉过程，也会让你逐渐对自己的感觉好起来，因为你终将发现，通过自己的主动努力，你会有能力在一定程度上改变环境，从而找到"爱自己"的感觉。

（7）每件事都有难易程度，少做成功率太低的事情，多做一些容易成功的事情，或者从小的事情开始做起，这样每次增加做成事情的成功率，提高自信。

（8）多积极地暗示自己，肯定自己，哪怕是一丁点的进步，也要积极的肯定自己，比方说自己在某些方面做得特别好，就心里默默地赞许自己一下："嘿！这件事你做得太棒了！相信你以后会做得更好！"也可以在镜子面前微笑着对自己这么说。

（9）最后一个非常重要却被很多人忽略的提高自信的方法是认真修饰自己的外表，穿感觉良好的衣服，穿着得体有品位，注意色彩搭配和款式搭配，这样才能显得神采飞扬，理一个好发型来衬托你的气质。假如你是个女孩，有必要学习一下化妆技巧，多做皮肤护理面膜，等等。

修饰外表可以很好地提升自信，如果你坚持一段时间，就会发现你可以变得如此自信、乐观，气质由内而外散发出来。

相信自己，你最终会得到改变！

从现在做起，一步一步来，经过一段时间，你的自信心将会变得特别强大，因为随着你的外表到内心的改变，你周围的环境也会发生大的改变，这时候你的朋友变得多了起来，他们都特别喜欢你，工作也变得更加顺利。

06 正视自己，才能满怀信心

有一个孤儿，向高僧请教如何获得幸福，高僧指着块陋石说："你把它拿到集市去，但无论谁要买这块石头你都不要卖。"孤儿来到集市卖石头，第一天、第二天无人问津，第三天有人来询问。第四天，石头已经能卖到一个很好的价钱了。高僧又说："你把石头拿到石器交易市场去卖。"第一天、第二天人们视而不见，第三天，有人围过来问，以后的几天，石头的价格已被抬得高出了石器的价格。高僧又说："你再把石头拿到珠宝市场去卖……"你可以想像得到，又出现了那种情况，甚至于到了最后，石头的价格已经比珠宝的价格还要高了。其实世上人与物皆如此，如果你认定自己是一块不起眼的陋石，那么你可能永远只是一块陋石；如果你坚信自己是一块无价的宝石，那么你可能就是一块宝石。每个人的本性中都隐藏着信心，高僧其实就是在挖掘孤儿的信心和潜力。信心是一股巨大的力量，只要有一点点信心就可能产生神奇的效果。信心是人生最珍贵的宝藏之一，它可以使你免于失望；使你丢掉那些不知从何而来的黯淡的念头；使你有勇气去面对艰苦的人生。相反，如果丧失了这种信心，则是一件非常可悲的事情。你的前途之门似乎关闭了，它使你看不见远景，对一切都漠不关心，使你误以为自己已经不可救药了。

信心可以产生巨大的力量，天下没有一种力量可以和它相提并论。所以，有信心的人，也会遭遇挫折危难，但他不会灰心丧气。自信使你能够感觉到自己的能力，其作用是其他任何东西都无法替代的。坚持自己的理念，有信心依照计划行事的人，比一遇到挫折就放弃的人更具优势。

有一位顶尖的保险业务经理，要求所有的业务员，每天早上出门工作之前，先在镜子前面用 5 分钟的时间看着自己，并且对自己说："你是最棒的保险业务员，今天你就要证明这一点，明天也是如此，一直都是如此。"经过这位业务经理的安排，每一位业务员的丈夫或妻子，在他们的爱人出门工作之前，都以这一段话向他们告别："你是最棒的业务员，今天你就要证明这一点。"

　　人是为了信心——一种有深度需要的信心而生的，我们一旦失去了信心，就违背了自己的本性，一切都不敢肯定，人生就没有根了。命运永远掌握在强者手中，也许你曾经失去过，但失去后，你学会了珍惜；也许你曾经失败过，但失败后，你学会了坚强；也许你相貌平平，一无所长，但你不应该自卑，也许在某方面你存在着惊人的潜力，只是你并没有发觉罢了。正视自己，更深层地挖掘潜力，相信天生我材必有用，是金子就一定会发光。你不应该抱怨，你也没有理由抱怨命运，你所遇到的困难与挫折都是命运对你的一种考验。

　　也许你并不出众，但平凡也是一种美，不被世间的功名利禄所累，知足常乐，要乐观地去面对生活中的每一天，不论快乐或悲伤，人生能有几回博，春去秋来，花谢花开，为何要自寻烦恼，虚度光阴呢？正如一句名言所说："他能够，是因为他认为自己能够；他不能够，是因为他认为自己不能够。"有一次，一个兵士从前线归来，将战报呈递给拿破仑。因为路上赶得太急促，所以他的坐骑在还没有到达拿破仑那里时就倒地气绝了。拿破仑看完战报后立刻下一手谕，交给这个兵士，叫他骑自己的坐骑火速赶回前线。兵士看看那匹雄壮的坐骑及它华丽的马鞍，不觉脱口说："不，将军，对于我这样一个平凡的士兵，这坐骑是太高贵、太好了。"在这个世界上，有许多人，他们总以为别人所有的种种幸福是不属于他们的，以为他们是不配有的，以为他们不能与那些命运好的人相提并论。然而他们不明白，这样的自卑自抑、自我抹杀，将会大大削弱自己的自信心，也同样会大大减少自己成功的机会。

没有自信，便没有成功。一个获得了巨大成功的人，首先是因为他自信。有人说，自信是成功的一半，但它毕竟还不是成功的全部。若不充分认识这一点，有一天你会连原来的一半也丧失。自信的人依靠自己的力量去实现目标；自卑的人则只有依赖侥幸去达到目的。自信者的失败是一种人生的悲壮，虽败犹荣。当你总是在问自己："我能成功吗？"这时，你还难以撷取成功的果实。当你满怀信心地对自己说："我一定能够成功。"这时，人生收获的季节离你已不太遥远了。

07 在人际交往中保持自信

在一个越来越强调人际交往和互动的现代社会里，仅仅凭自己去开辟一个新的生活空间，或者仅仅做好本职工作，就想脱颖而出获得成功，似乎越来越不可能了。唯一的做法是勇敢地说出和实施自己的想法和主张，维护自身的尊严和权利，然后尽一切可能去影响同事、上司、下属或客户，用自己的言语和行为打动他们，形成一种互动的集体的自信心。唯有自己昂首挺胸，在刀光剑影的职场里保持自信心，才有机会出人头地。

1. 我行，我可以

在充满竞争的职场里，在以成败论英雄的工作中，谁能自始至终陪伴你、鼓励你、帮助你呢？不是老板，不是同事，不是下属，也不是朋友，他们都不可能做到这一点。唯有你自己才会伴你走完人生的春夏秋冬，也唯有你自己才能鼓起你的信心，激励你更好地迎接每一次挑战。

在办公室里，你可能是个不起眼的小角色，别人丝毫不会注意到你，这时，自信是你唯一的生存法宝。你应该积极主动地向前迈出一步，说出那句："我行，我可以！"去积极争取表现你自己的机会，譬如主持一个会议或一个方案的施行，主动承担一些上司想要解决的问题，或者主动地、真诚地帮助你的同事，替他出谋划策，解决一些难题。如果你能做到哪怕只是其中的一点，你的内心就会起变化，变得越发有信心，别人也会越发认识到你的价值，会对你和你的才能越发信任，你在办公室里的位置就会发生显著的改变。

自信不是潇洒的外表，但它会带给你外表的潇洒。它是需要长期坚持的一种生活习惯，它会让你认识自己所扮演的人生角色，自己在哪方面有足够的能力，还有哪方面需要再发掘自己的潜能，这样你就能精神饱满地迎接每一天升起的太阳。

自信不是财富，但它会带给你财富。拥有并保持十分的自信，你就拥有发言权，就会得到升迁的机会，就会承担新的更具有挑战性的工作，你得到的成功机会也就更大。

说话准确、流畅、生动，是衡量职业人士思维能力和表达能力的基本标准，也是考核他是否具备职业竞争能力的重要标志。

更重要的是，语言能力是提高自信心的强心剂。一个人如果能把自己的想法或愿望清晰、明白地表达出来，那么他内心一定具有明确的目标和坚定的信心，同时他充满信心的话语也会感染对方，吸引对方的注意力，直到让人们相信，他的自信心对他人有着巨大的帮助。

所以，现在就开口吧，无论对方是一个人还是几个或一群人，试着把自己的心里话说出来，别在意对方的反应甚至是嘲笑，只管自己说的是否清楚、干脆，是否把要说的话都说出来了。只要坚持不懈，一定会有收获，一定会感到自己的心里渐渐地充满自信的力量，说话的技巧也会大有长进。从现在做起，否则你的自卑情结永远也打消不掉，那你就永远别想开口了。

2. 不妨一试

（1）运用腹腔呼吸，不要用胸腔来呼吸，这样的声音才会有力。

（2）说话时把声调放低，这样听起来平稳、和谐，也更显得性感、魅力十足。

（3）多说"我行""我可以""我能做的""我会做好的"之类有信心的话，你的自我感觉会变得更好，别人也会增加对你的信心。

（4）说话时配合一些手势，眼睛看着对方，并面带微笑，这样可以增强语言的感染力。

（5）每天与自己小声地交谈一番，问问自己的表现，说说明天要做些什么，这对你的自信心会产生积极和深刻的影响。

3. 说话时避免以下几点：

（1）说话吞吞吐吐、结结巴巴，总带有"嗯""啊""这个"之类的赘词。

（2）在话语中间插入一些"你知不知道""我对你说"这样的话，这样便打断了话语的连贯性。

（3）说话高声大叫，把气氛搞得很紧张。

（4）说话像开机关枪，毫不停顿，结果弄得接不上气，搞得对方很难受。

（5）说话时总喜欢带几个外语词，更严重的是中文外文一块说，让人觉得有些卖弄。

4. 昂首挺胸走路

不但你的声音要充满自信，你的形体姿态也应充满自信。一个腰板笔直、衣着得体、生机勃勃的人和一个耷着肩膀、衣着邋遢、不苟言笑的人相比，哪个更受人尊重和欢迎呢？答案是不言自明的，而且形体的自信会强化自己的语言自信，也能帮助自己建立良好的自我感觉，更加满怀信心。

形体的自信是一种整体性效应，除了行为举止，还包括面部神情、站立的姿势、目光的运用，等等。神情专注、面带微笑会让人觉得你是一个值得信赖的人，而神情茫然、愁眉苦脸只会让人退避三舍；与别人说话时挺胸直立，会显示出人格的尊严，也是尊重对方的表示，而靠着墙或桌子，颓然地面对别人，不光自己无精打采，对方也觉得索然寡味。谈话时适当地注视对方，间或转移一下视线，能使对方正常有效地进行下去。如果直愣愣地盯着对方，那是无理的行为，而如果一眼都不看对方，那表示你一点自信都没有，说的话没有一点作用。

因此，消极的、不正确的形体姿态会妨碍正常有效的人际交往，也不利于自身的信心表达。只有充满自信的形体和语言，才会引人注意，受人尊重，进而达到成功的人际互动。

第七章

改变自己，让坏情绪离你而去

　　一个好的心情，可以让你做事情的时候能够顺顺利利；一个好的心情，可以让你跟别人更好、更愉快地相处。改变自己，用一个良好的心情来调节自己，让不好的情绪都随风而去！

01 咽下怨气，才能争气

人往往只看得见别人的过错，看不见自己的缺失，面对别人的指责，也常不加自省，反倒以恶言相向来掩饰自己的心虚。

证严法师曾说："一般人常说，要争一口气，其实，真正有功夫的人，是把这口气咽下去。"

于凡刚从大学毕业，他学的是英文，自认为无论听、说、读、写，对他来说都只是雕虫小技。

由于他对自己的英文能力相当自信，因此寄了很多英文履历到一些外商公司去应征，他认为英文人才是就业市场中的绩优股，肯定人人抢着要。

然而，一个礼拜接着一个礼拜过去了，于凡投递出去的应征信函却了无回音，犹如石沉大海一般。

于凡的心情开始忐忑不安，此时，他却收到了其中一家公司的来信，信里刻薄地提到："我们公司并不缺人，就算职位有缺，也不会雇用你，虽然你认为自己的英文程度不错，但是从你写的履历来看，你的英文写作能力很差，大概只有高中生的程度，连一些常用的文法也错误百出。"

于凡看了这封信后，气得火冒三丈，好歹也是个大学毕业生，怎么可以任人将自己批评得一文不值。于凡越想越气，于是提起笔来，打算写一封回信，把对方痛骂一番，以消除自己的怨气。

然而，当于凡下笔之际，却忽然想到，别人不可能会无缘无故写信批评他，也许自己真的太过自以为是，犯了一些错误是自己没有察觉的。

因此，于凡的怒气渐渐平息，自我反省了一番，并且写了一张感谢信给这家公司，谢谢他们举出了自己的不足之处，用字遣词诚恳真挚，把自己的感激之情表露无遗。

几天后，于凡再次收到这家公司寄来的信函，他被这家公司录取了！

他人的指责和抱怨是一把锐利的剑，可以刺穿你的心脏，但是你也可以伸手握住它，使它成为你的利器。

言者无意，听者有心，一切在于你如何用心来面对人生的挫折，你可以反驳别人的批评，斥责别人的无知，但这样并不会使你在别人心目中的地位提高，反而得不偿失。

只有痛定思痛、反求诸己的人，才可以化干戈为玉帛，知过能改胜过学富五车，千金也难买。

麦金莱任美国总统时，因一项人事调动而遭到许多议员政客的强烈指责。在接受代表质询时，一位国会议员脾气暴躁、粗声粗气地给总统一顿难堪的讥骂。但麦金莱却若无其事地一声不吭，任凭这位议员大放厥词，然后用极其委婉的口气说："你现在怒气该平和了吧，照理你是没有权利责问我的，但现在我仍愿意详细解释给你听……"那位气势汹汹的议员羞愧地低下了头。

的确，在生活中，遭到别人的指责和抱怨的事常可碰到。遭人指责抱怨是件极不愉快的事，有时会使人觉得很尴尬，尤其是在大庭广众面前受到指责，更是不堪忍受。但从提高一个人的处世修养角度讲，无论你遇到哪种情况的指责，都应该从容不迫，有则改之，无则加勉，泰然处之。为摆脱指责的尴尬局面，不妨采纳心理学家提出的以下建议：

（1）保持冷静。被人指责总是不愉快的，面对使你十分难堪的指责时，要保持冷静，最好暂时能忍耐住，并作出乐于倾听的表示，不管你是否赞同，都要待听完后再作分辩。因对方的一两句刺耳的话，就按捺不住，激动起来，硬碰硬，不仅解决不了问题，还易将问题搞僵，将主动变为被动。

（2）让对方亮明观点。有些指责者在指责别人时，往往似是而非，含糊其辞，结果使人不知所云。这时，你可向对方提出讲清问题的要求，态度要和气，如"你说我蠢，我究竟蠢在哪里？"或者"我到底干了什么傻事？"以便搞清对方究竟指责和抱怨你什么，让对方及时亮明自己的观点和看法。这一策略往往能有效地制止指责者对你的攻击，并能将原来的攻防关系转变为彼此合作、互相尊重的关系，使双方把注意力转向共同感兴趣的问题。

（3）消除对方的怒气。受到指责，特别是在你确实有责任时，你不妨认真倾听或表示同意对方对你的看法，不要计较对方的态度好坏，这样，指责完毕，气也消了一半。即使当你确信对方的指责纯属无稽之谈时，也要对其表示赞同，或者暂时认为对方的指责是可以理解的。这会使对方无力再对你进行攻击，相反，你却可以获得更多的机会和时间进行解释，从而消释对方的怒气，使隔膜、猜疑、埋怨和互不信任的坚冰得以化解。

（4）平静地给恶意中伤者以回击。也许，大多数指责者并不是出于恶意而指责别人的。但是，在现实生活中，确有极少数人为了其个人目的而对他人进行恶意中伤。对于这样的寻衅挑战者，应该坚定地表明自己的态度，不能迁就忍耐，更不能宽容而不予以回击，但应注意态度，以柔克刚。这样，会使你显得更有气魄，更有力量。

02 争吵的时候，换一个角度

在生活中，我们常常看到这样一些现象：人多拥挤的公交车上，乘客之间由于无意碰撞而引起争吵，双方闹得脸红脖子粗；学校里同学之间为一些鸡毛蒜皮的小事，如不小心碰落了别人的铅笔盒之类的事而出言不逊，大动肝火，怒气冲冲；邻里之间为了一些小纠纷而各不相让，争吵辱骂，没完没了。这些都是无原则的冲突、不必要的感情冲动、毫无意义的犯颜动怒，是无益之怒。

一个人在发怒的时候最难看。纵然他平时面似莲花，一旦怒而变青变白，甚至面色如土，再加上满脸的筋肉扭曲，那副面目实在是可憎。俗语说，"怒从心上起，恶向胆边生"，怒是心理的也是生理的一种变化。人逢不如意事，很少不勃然变色的。年少气盛，一言不合，怒气相加，但是许多年事已长的人，往往一样的脾气暴躁。有一位老者，年事已高，并且半身瘫痪，每晨必阅报纸，戴上老花镜，打开报纸，不久就要把桌子拍得山响，吹胡子瞪眼，破口大骂。报上的记载，他看不顺眼。不看不行，看了呕气。这时候大家躲他远远的，谁也不愿招惹他。过一阵雨过天晴，他的怒气才消了。

诗云："君子如怒，乱庶遄沮；君子如祉，乱庶遄已。"

这是说有地位的人，赫然震怒，就可以收拨乱反正之效。但盛怒之下，体内血球不知道要伤损多少，血压不知道要升高几许。而且血气沸腾之际，理智不大清醒，言行容易逾分，于人于己都不相宜。佛家把"瞋"列为三毒之一，"瞋心甚于猛火"，克服瞋恚是修持的基本功夫之一。燕丹子说："血勇之人，怒而面赤；脉勇之人，怒而面青；骨勇之人，怒而面白；神勇之人，怒而色不变。"我想那神勇是从苦行修炼中得来的，喜怒不形于色。

如果一个人没有自我修养的品质，即使他具备其他一切成功者的素质条件，也是毫无价值的。

1943 年 7 月，在巴顿晋升为上将之际，有士兵检举了轰动舆论界的巴顿打人事件。

"巴顿走到另一病号前，他问道：'你有什么病？'病号开始抽泣，'我的神经不好。'巴顿又问，'你说什么？'答曰：'我的神经不好，我听不得炮声。'

"将军大吼，'去你的神经，你是个胆小鬼，你是狗娘养的。'然后他给了他一个耳光，并说，'不许这龟儿子哭泣，我不允许一个王八蛋在我们这些勇敢战士面前抽泣。'他又一次揍了那病号，把病号的军帽丢至门外。同时又大声对医务人员说，'你们以后不能接受这些龟儿子，他们一点事也没有，我不允许这种没有半点汉子气的王八蛋在医院内占位置。'

"他再次回头对病号吼道，'你必须到前线去，你可能被打死，但你必须上前线。如果你不去，我就命令行刑队把你毙了。说实在的，我本该现在就亲手把你毙了。'"

这个消息很快被揭发，引起了美国国内的极大反应。好多母亲要求撤巴顿的职，有一个人权团体还要求对巴顿进行军法审判。尽管后来马歇尔从大局出发，决定化大事为小事，化小事为无事，但打骂士兵使巴顿声名狼藉。这种轻率、浮躁的作风，以及政治上的偏见为他埋下了战后被撤职的祸根。

对人不满意的时候，我们会生气，对于别人对不住我们的事情，就会嫉恨，我们为什么嫉恨，是别人有对不住我们的地方吗？没有。我们只是把别人的过错来惩罚自己，我们把别人的过错拿来折磨自己，所以我们才怨恨。这是一种聪明还是一种笨呢？我们天天就在做这种笨事。一个人真生气的时候，血液里是有毒素的。生气一次，你的身体里头就中毒一次，我们天天就这么折磨自己。

我们一定要克制自己，修养的一个要则就是自我约束。这个要则并非组织纪律，而是自觉追求。这种自觉需要极大的克制力。在很多情形下，思想稍一放松，就会产生动摇。别人议论你过失的时候，能不能仍然坚持不在背后谈论别人的过失；别人对你产生误解，甚至恶语相加的时候，还能不能善待对方；别人在挥霍浪费的时候，能不能艰苦朴素。自觉者的可贵，就在于他们具有一种清清楚楚的是非观念。知道哪些是应该做的，哪些是不应该做的；哪些是可以做的，哪些是不可以做的。

03 不要想拉开一扇需要推开的门

有一则脑筋急转弯这么说："一个人要进屋子，但那扇门怎么拉也拉不开，为什么？"回答是：因为那扇门是要推开的。

生活中我们有时会犯一些诸如只知拉门进屋，不知推门的错误。其中的原因很简单，就是我们有时遇事爱钻牛角尖，不会变通。有时候，周围的环境变了，我们却不知变通，还在固执一端，钻牛角尖，认死理，结果却闹出笑话来。

《吕氏春秋》里记载：楚国有一个人搭船过江，一不小心，身上的剑掉进了河里。同船的人都劝他下水去捞，但他却不慌不忙，从身上拿出一把小刀，在剑落水的船边刻个记号，有人问："做什么用啊？"他回答说："我的剑就是从这个地方掉下去的，我作个记号，等会儿船靠岸时，我就从这个记号的地方下水去把剑找回来。"船靠岸时，他就这样去找剑，结果自然没有找到。

刻舟求剑，是一种刻板的、不知变通的思维方式。有时候我们的思想就像那把剑，环境的大船已经变了，而我们却还在那里原地不动；有时候我们也会刻舟求剑。

俗话说："变则通，通则久。"只要我们学会变通，许多事情都能变不可能为可能，都能变坏事为好事。

两个欧洲人到非洲去推销皮鞋。由于炎热，非洲人向来都是打赤脚。第一个推销员看到非洲人都打赤脚，立刻失望起来："这些人都打赤脚，怎么会要我的鞋呢？"于是，他便沮丧而回。另一个推销员看到非洲人都赤脚，惊喜万分："这些人都没有皮鞋穿，这皮鞋市场大得好呢！"于是，他想方设法引导非洲人购买皮鞋，最后他发大财而回。

第一个人不懂变通，一味地钻牛角尖，总以为牛不喝水，便不能强按头。第二个人则不然，他会变通一下，给牛点盐吃，不也就能让它喝水了嘛？

关于皮鞋的由来，据说还有这样一个典故：

早期没有鞋子穿，人们走在路上，都得忍受碎石硌脚的痛苦。某一个国家，有一个太监把国王的所有房间全铺上了牛皮，当国王踏在牛皮上时，感觉双脚非常舒服。

于是，国王下令全国各地的马路上，都必须铺上牛皮，好让国王走到哪里，都会感觉舒服。有一个大臣建议：不需要如此大费周折，只要用牛皮把国王的脚包起来，再拴上一条绳子就可以了。于是无论国王走到哪里，都感到舒服。

故事中的大臣是聪明的，他的变通，使舒服与节约两全其美。假如我们在工作学习之余，能学会变通，随时调整自己的方向和步骤，便会有事半功倍的效果。

生活中，我们也应该学会变通，学会在山穷水尽的时候，转换一下心情，说不定会"柳暗花明又一村"。变通能让我们少一些郁闷，多一些开心，少一些烦恼，多一些幸福。遇事不钻牛角尖，人也舒坦，心也舒坦。

太多的人悲叹生命的有限和生活的艰辛，却只有极少数人能在有限的生命中活出自己的快乐。一个人快乐与否，主要取决于什么呢？主要取决于一种心态，特别是如何善待自己的一种心态。

生活中苦恼总是有的，有时人生的苦恼不在于自己获得多少，拥有多少，而是因为自己想得到更多。人有时想得到的太多，而自己的能力很难达到，所以我们便感到失望与不满。然后，我们就自己折磨自己，说自己"太笨""不争气"等等，就这样经常自己和自己过不去，与自己较劲。

其实，静下心来仔细想想，生活中的许多事情，并不是你的能力不强，恰恰是因为你的愿望不切实际。我们要相信自己具有做种种事情的才能，当然相信自己的能力并不是强求自己去做一些能力做不到的事情。事实上，世间任何事情都有一个限度，超过了这个限度，好多事情都可能是极其荒谬的。我们应时常肯定自己，尽力发展我们能够发展的东西，剩下的，就安心交给老天。只要尽心尽力，只要积极地朝着更高的目标迈进，我们的心中就会保存一份悠然自得，从而也不会再跟自己过不去，责备、怨恨自己了，因为我们尽力了。即便在生命结束的时候，我们也能问心无愧地说："我已经尽了最大的努力"，那么，此生也就无憾了！

所以，凡事别跟自己过不去，要知道，每个人都有或这或那的缺陷，世界没有完美的人。这样想来，不是为自己开脱，而是使心灵不会被挤压得支离破碎，永远保持对生活的美好认识和执着追求。

别跟自己过不去，这是一种精神的解脱，它会促使我们从容走自己选择的路，做自己喜欢的事。

假如我们心里不痛快，要学会原谅自己，这样心里就会少一点阴影。这既是对自己的爱护，又是对生命的珍惜。

04 轻松一点，做自己喜欢的

生活中有许多人悲叹生命的有限和生活的艰辛，只有少数人能在有限的生命中活出自己的快乐。既然如此，我们为什么不放纵一下自己，去做一些自己喜欢的，平时想做却没有做的事情，为自己的快乐而活呢？

　　快乐是一种情绪。懂得了控制情绪的方法，你就已经站在了快乐的一方，看到鲜花，就会咧嘴微笑；看到流水，就会心旷神怡；看到青草，就会感到自己回归了大自然。人生在世，要为快乐而活，就要有多姿多彩的生活。

　　快乐是一种思想。只要有快乐的心，就有快乐的容貌。生活是一种享受，快乐是生活的主题，生活是追求幸福的过程，快乐是幸福的内涵。生活中，每个人都应该为自己"找些快乐"。

　　一位富商花费巨资收藏了许多珍贵的古董、字画以及各种珍珠、翡翠等，为防失窃，他安装了严密的保安系统，平日里很少去欣赏，只当成个人财富的一部分用来炫耀。

　　有一天，富商忽然心血来潮，决定带大厦清洁工进去开开眼界。

　　清洁工进去后，并未流露出艳羡之色，只是慢慢地逐一浏览，细细地欣赏。待步出厚厚的铁门时，富商忍不住地炫耀说："怎么样？看了这么多的好东西，不枉此生了吧？"

　　那个清洁工说："是啊，我现在感觉与你一样富有，而且比你更快乐。"

　　"怎么可能？"富商摇着头说道。

　　那个清洁工笑着答道："你所有的宝贝我都看过了，不就是与你一样富有了吗？而且我又不必为那些东西担心这担心那的，岂不比你更快乐？"

　　快乐不在于拥有多少，而在于感觉如何。只要用心去感受，生活中的快乐无处不在。生活的乐趣是对生命的热情，丧失这种热情，即使能像故事中的富商一样拥有很多的财富，也不一定能享受到生命的乐趣。

为自己的快乐而活，要敢于接受挑战和考验，在困难中，依然精神抖擞，向着目标前进。在苦难中，不忘仰望苍穹，轻轻哼唱，感激阳光雨水，赞美它的神奇与无私。快乐和痛苦是一体两面，经受不住痛苦的考验，也就难以体会真正的快乐。

为自己的快乐而活，但不可自私。快乐是无私的，为别人带来一份快乐的同时，自己也能得到同样的快乐，而带给别人烦恼的同时，自己也会得到一样的烦恼。

为自己的快乐而活，是一种洒脱，是一种境界。

05 抱怨时，错过了美丽的风景

街谈巷议，茶余饭后的聊天中，常常可以听见一些人牢骚满腹。他们往往都认为自己是世界上最委屈的一个，简直比窦娥还委屈。他们抱怨工作职位低，赚钱少，老板苛刻；抱怨老婆丑、不温柔……总之，生活中一切不合他意的地方都要发一通牢骚，以泄私愤。

人总会有灰心气馁、不满意的时候，此时发点牢骚、骂几句娘倒也未尝不可，但如果整天牢骚满腹，不论大事小事、好事坏事，只要不合我意就怨天尤人，就未免有点不正常了。

有这样一个故事：

相传，有个寺院的住持，给寺院里立下了一个特别的规矩：每到年底，寺院里的和尚都要面对住持说两个字。第一年年底，住持问新和尚心里最想说什么，新和尚说："床硬。"第二年年底，住持又问他心里最想说什么，他回答说："食劣。"第三年年底，他没等住持问便说："告辞。"住持望着新和尚的背影自言自语地说："心中有魔，难成正果，可惜！可惜！"

新和尚对待世事都持一种消极的心态，所以才不能安于现状，一味报怨。而他的抱怨，也让他失去了修成正果的机会。

牢骚也好，报怨也罢，都是因为抱有的心态不对，看问题的角度不对，如果能够以积极的心态，换个角度，相信人的心情会一下子好起来。事物在一个人心中的好坏，决定于此人的心态，而不是事物本身，正所谓"以我观外物，外物皆着我色"。牢骚满腹者，不妨转换一下心情，让乐观主宰自己，心情肯定会一下子好起来。下面这个故事讲的正是这样的道理：

中国有一位著名的国画画家俞仲林擅长画牡丹。

有一次，某人慕名要了一幅他亲手所绘的牡丹，回去以后，他高兴地挂在客厅里。

此人的一位朋友看到了，大呼不吉利，因为这朵牡丹没有画完全，缺了一部分，而牡丹代表富贵，缺了一角，岂不是"富贵不全"吗？

此人一看也大为吃惊，认为牡丹缺了一边总是不妥，拿回去预备请俞仲林重画一幅。俞仲林听了他的理由，灵机一动，告诉买主，既然牡丹代表富贵，那么缺一边，不就是富贵无边吗？

那人听了他的解释，觉得有理，高高兴兴地捧着画回去了。

同一幅画，因为心态不同，便产生了不同的看法。所以，凡事都应持一种积极的心态，往好处想，不是看什么都不顺眼，这样就会少些烦恼、苦痛、牢骚，多些欢乐、平安。

"牢骚太盛防肠断，人间正道是沧桑。"现实就是如此，我们必须坦然面对，不能只知发牢骚，否则，如果在牢骚中错过了人生正点的班车，那又将会在报怨中错过下一次坐正点班车的机会。正如泰戈尔所说："如果错过了太阳时你流了泪，那么你也要错过群星了。"

06 最重要的是活出自我

每个人都有自己做人的原则，都有自己的为人处世之道，都有自己的生活方式。生活中不必太在意别人的看法，更不能为别人的一席话而改变自己。

有这样一个故事：

一个老头带着儿子牵着驴去赶集，驴驮着一袋粮食。他们刚出门不远，道边便有人对老头说，"你真傻，为什么不骑着驴呢？"于是，老头便骑上了驴。可走不多远，又听到道边有人对他说，"这老头心真狠，他自己骑着驴，让儿子走着。"老头听后，赶紧从驴上下来，让儿子骑了上去。

可又走没多远，又有人对他们说："这个孩子真不懂事，自己骑驴，让老人走着。"

于是，两人干脆都骑到驴上。没走到集上，又有人对他们说："这两人心真坏，让驴驮着东西，人还骑上去。"

老头又不得不从驴上下来，连驴驮的粮食也自己背上了。

故事到这儿肯定还没完，指不定过一会儿又有人笑他们傻，放着驴不用，人却背着粮食，再过一会儿还会有人说他们傻，放着驴不骑。总之，人没有主见，永远也不得安宁。

无独有偶，还有这样一个故事：

从前，有一位画家想画出一幅人人见了都喜欢的画。画毕，他拿到市场上去展出。画旁放了一支笔，并附上说明：每一位观赏者，如果认为此画有欠佳之笔，均可在画中做记号。

晚上，画家取回了画，发现整个画面都涂满了记号——没有一笔一划不被指责。画家十分不快，对这次尝试深感失望。

画家决定换一种方法去试试。他又临摹了同样的画拿到市场展出。可这一次，他要求每位观赏者将其最为欣赏的妙笔都标上记号。当画家再取回画时，他发现画面又涂遍了记号，曾被指责的笔划，如今却都换上赞美的标记。

"哦！"画家不无感慨地说道，"我现在发现一个奥妙，那就是：我们不管干什么，只要使一部分人满意就够了。因为，在有些人看来是丑恶的东西，在另一些人眼里恰恰是美好的。"

所谓众口难调，一味听信于人者，便丧失自己，便会做任何事都患得患失，诚惶诚恐。这种人一辈子也成不了大事。整天活在别人的阴影里，太在乎上司的态度，太在乎老板的眼神，太在乎周围人对自己的看法。这样的人生，还有什么意义可言呢？

人各有各的原则，各有各的脾气性格。有的人活跃，有的人沉稳，有的人热爱交际，有的人喜欢独处。不论什么样的人生，只要自己感到幸福，又不妨碍他人，那就足矣，不要压抑自己的天性，失去自己做人的原则。只要活出自信，活出自己的风格，就让别人去说好了。正像旦丁说的那样："走自己的路，让别人去说吧！"

古代有这样一个笑话：一个衙门的差役，奉命解送一个犯了罪的和尚，临行前，他怕自己忘带东西，就编了个顺口溜："包袱雨伞枷，文书和尚我。"在路上，他一边走，一边念叨着这两句话，总是怕在哪儿不小心把东西丢一件，回去交不了差。和尚看他有些发呆，就在停下来吃饭时，用酒把他灌醉了，然后给他剃了个光头，又把自己脖子上的枷锁拿过来套在他的身上，自己溜之大吉了。差役酒醒后，总感到少了点什么，可包袱、雨伞、文书都在，摸摸自己脖子，枷锁也在，又摸摸自己的头，是个光头，说明和尚也没丢，可他还是觉得少了点啥，念着顺口溜一对，他大惊失色："我哪里去了，怎么没有我了？"

这虽然是一则笑话，可笑过之后，却让人深思。亨利曾经说过："我是命运的主人，我主宰我的心灵。"做人应该做自己的主人，应该主宰自己的命运，不能把自己交付给别人。生活中有的人却不能主宰自己。把自己交付给了金钱，成了金钱的奴隶；有的人为了权利，成了权利的俘虏；有的人经不住各种挫折与困难的考验，把自己交给了上帝。

做自己的主人，就不能成为金钱的奴隶，不能成为权利的俘虏，要不失自我，在各种诱惑面前保持本色，否则便会丢失自己。过于热衷于追求外物者，最终可能会如愿以偿，但却会像差役一样把最重要的一样给丢了，那就是自己。

我们有权力决定生活中该做什么，不能由别人来代做决定，更不能让别人来左右我们的意志，自己成了傀儡。其实，只有自己最了解自己，别人并不见得比自己高明多少，也不会比自己更了解自己，只有自己的决定才是最好的。从现在起，做自己的主人，不要让别人来控制你。达尔文当年决定弃医从文时，遭到父亲的严厉斥责，说他是不务正业，整天只知道打猎捉耗子。在他的自传上写着："所有的老师和长辈都说我资质平庸，我与聪明是沾不上边的。"而就是这样一个不务正业、与聪明不沾边的人，却成了生物进化论的发明者。

我们应该做命运的主人，不能任由命运摆布自己。当我们面对生活中不可避免的挫折、困难、病痛时，如果被打败，让这些生活的绊脚石主宰了自己，整天专注于病痛的折磨，使自己的日子只有痛苦，而没有快乐，那便是丧失了自我。真正的命运的主人，是能够战胜病痛的，是不会向命运屈服的。像达·芬奇、莫扎特、梵高，等等，都是我们学习的榜样，他们生前都没有受到命运的公平待遇，但他们没有屈服于命运，没有向命运低头，他们向命运发出了挑战，最终战胜了它，成了自己的主人，成了命运的主宰。

挪威大剧作家易卜生有句名言说："人的第一天职是什么？答案很简单：做自己。"是的，做人首先要做自己，首先要认清自己，把握自己的命运，实现自己的人生价值，只有这样，才真正算是自己的主人。

07　放松情绪，舒展心灵

在《飘》中，我们常常会看到斯佳丽的一个习惯，每当她遇到什么烦恼或者无法解决的问题时，她就对自己说，"我现在不要想它，明天再想好了，明天就是另外一天了。"实际上，这种明天再想，就是给心灵松绑。如果你对一个问题挣扎了一整天，仍然没有显著的进展，最好不要去想它，暂时不作任何决定，让这问题在睡眠中自然地解决。因为睡眠中没有太多意识的干扰时，也就是最佳的工作时机。

引起紧张、匆忙、焦虑等情绪的另一个原因，是同时想做很多事情的荒谬习惯：

学生一边看电视，一边做功课；

企业家不将注意力集中在他正在口述的事上，却在心里盘算着今天应该完成的另一事情，心里希望能马上同时解决。

这些坏习惯是在不知不觉中养成的，当事者通常都感觉不出来。我们想着眼前的很多工作，而感到神经过敏、忧愁、焦虑不安。

这种神经不安的情绪并不是由于工作而产生的，乃是由于心里的想法——我必须同时完成这些事情。

我们紧张，是因为我们想做不可能的事，这样无可避免地招来徒劳和挫折。所以，正确的做法是：一次只做一件事。做完一件事，便会觉得有了一点成就感。

了解这一点，我们的心里就不会想要同时"做"下一件事；相反地，我们会把精神全部集中于正在进行的事才是。"给心灵松绑"！以这种态度来做事，我们会感到轻松，不再有匆忙、焦虑的情绪，而且能集中全部注意力去全心思考。

08 告别悲伤和低落的情绪

人们都知道悲伤和情绪低落对健康是很不利的，可是有时却无法摆脱这些不利因素的影响。现在介绍由美国科学家提出的六种方法，它可以帮助你摆脱这种状况。

1. 运动

运动能使你忘却悲伤，恢复信心。运动促使人全身肌肉紧张；使血液中的内分泌激素改变；减少大脑皮层疲劳；减轻大脑和心脏在代谢方面的过度负担；提高植物性神经系统的能力。

2. 营养

科学家都坚信维生素和氨基酸对人的心理健康很有帮助。他们发现脾气暴躁且怪癖、悲观的人在大幅度改善营养以后，他大脑中用来维持正常情绪的去甲肾上腺素这种化学成分会大大增加，从而在很大程度上帮助他克服情绪低落，避免这些不利因素对大脑和心脏的影响。

3. 变换角度想问题

情绪不好实质上都是由于思维方法不对所致。比如，在街道离你不远处遇见一个朋友，他没有跟你说话或打招呼，你就以为是他不再理你了；但你可以反过来想："他可能没看见我。""他可能正埋头想自己的事情。"具体办法是，每天自己注意自己情绪的变化，可以把一些问题记下来，把自己不好的情绪起因尽量写在第一部分，在第二部分写上完全相反的意见，并努力在内心中默想第二部分是正确的，第一部分引起悲伤的原因绝大部分可能是由于自己的主观臆断造成的。

4. 扩大社会交往

有人说，"朋友是最好的药"一点不假。研究表明，一个人得到别人的帮助后一般也愿意帮助别人，互相帮助是一种高尚的品德，也是最使人快乐的事。长期和好朋友们在一起，使人愉快甚至可以使人长寿。

5. 检查你的甲状腺机能

美国有的科学家认为悲哀和情绪低落不属于心理学的范畴，而是属于生理学的范畴。他们认为这种状况主要因内分泌素、激素失调而引起，低血糖也能引起。因此应该请医生看看病，对症治疗。

此外，还有些药品对人的情绪有不利影响。如：某些可的松，一些磺胺类药，一些控制高血压的药，如利血平等，都能使人的情绪受到一定的影响。为避免这些药物的副作用，你在看病时应把你的情绪因素告知医生，以使得医生能够在开处方时掌握。

在20世纪60年代早期的美国，有一位很有才华、曾经做过大学校长的人，竞选美国中西部某州的议会议员。此人资历很高，又精明能干、博学多识，看起来很有希望赢得选举的胜利。

但是，在选举的中期，有一个很小的谣言散布开来：三四年前，在该州首府举行的一次教育大会中，他跟一位年轻女教师"有那么一点暧昧的行为"。这实在是一个弥天大谎，这位候选人对此感到非常愤怒，并尽力想要为自己辩解。由于按捺不住对这一恶毒谣言的怒火，在以后的每一次集会中，他都要站起来极力澄清事实，证明自己的清白。其实，大部分的选民根本没有听到过这件事，但是，现在人们却愈来愈相信有那么一回事，真是愈抹愈黑。公众们振振有词地反问："如果他真是无辜的，他为什么要百般为自己狡辩呢？"如此火上浇油，这位候选人的情绪变得更坏，也更加气急败坏、声嘶力竭地在各种场合下为自己洗刷，谴责谣言的传播。然而，这却更使人们对谣言信以为真。最悲哀的是，连他的太太也开始转而相信谣言，夫妻之间的亲密关系被破坏殆尽。最后他失败了，从此一蹶不振。

人们在生活中有时会遇到恶意的指控、陷害，更经常会遇到种种不如意。有的人会因此大动肝火，结果把事情搞得越来越糟。而有的人则能很好地控制住自己的情绪，泰然自若地面对各种刁难和不如意，在生活中立于不败之地。如1980年美国总统大选期间，里根在一次关键的电视辩论中，面对竞选对手卡特对他在当演员时期的生活作风问题发起的蓄意攻击，丝毫没有愤怒的表示，只是微微一笑，诙谐地调侃说："你又来这一套了。"一时间引得听众哈哈大笑，反而把卡特推入尴尬的境地，从而为自己赢得了更多选民的信赖和支持，并最终获得了大选的胜利。缺乏自我控制能力的人想必已经明白，你是生活在社会中，为了更好地适应社会、取得成功，你有必要控制自己的情绪、情感，理智地、客观地处理问题。但是，控制并不等于压抑，积极的情感可以激励你进取上进，加强你与他人之间的交流与合作。如果你把自己的许多能量消耗在抑制自己的情感上，不仅容易患病，而且没有足够的能量对外界作出强有力的反应，因而一个高情商的人应是一个能成熟地调控自己情绪和情感的人。

第八章

改变自己，把劣势变成优势

　　每个人都有自己的优点和缺点，认识到了这些，你就应该努力克服自己的不足，而有些不足在某些情况下可以转化成为自己的优势，这就需要你具有敏锐的眼光和敏捷的思维。把劣势转化成为自己的优势！

01 劣势是成长路上的试金石

每个人都有自己的特色。有的人某些方面很强，而某些方面较差。一般来说，很强的方面就是人的优势，较差的方面就是人的劣势。也可以这么说，人的天赋不同，他所具有的优势和劣势也就有所不同。

劣势是一个人的缺陷，在个人的发展中就是一条"短腿"。如果一个人在生活和工作中，"短腿"多了，而自己又假装看不见，那么一个人的劣势就会越来越多，而且会一直伴随着你，不会自动消失。时间长了，这些缺陷会消减你的自主能力，使你只能听从生活的摆布，成为这些缺陷的奴隶。

先天的优势固然好，但劣势也不是人终生的障碍，关键在于如何从不同的角度去看待优势和劣势。一个人一生中最重要的一点就是时刻发现自己的劣势，并想尽办法去改进。塑造自己就是发扬自己的优势，改造自己的劣势。要知道，发扬优势与改造劣势二者之间是可以相互转化的。如果不对优势进行进一步塑造，优势就有可能转化为劣势；同时，如果一个人不断地对劣势进行塑造和改善，就有可能把劣势转化为优势。

10岁的美国小男孩里维在一次车祸中失去了左臂，但是，他很想学柔道。终于，里维拜一位日本柔道大师做师傅，开始学习柔道。三个月里，师傅只教了他一招，里维有点弄不明白。

几个月后，师傅第一次带里维参加比赛。里维没有想到，自己居然轻轻松松地赢了前两轮。第三轮稍稍有点艰难，对手很快就变得有些急躁，连连进攻，里维敏捷地施展出自己唯一的一招，又赢了。就这样，里维顺利地进入决赛。

决赛的对手比里维高大、强壮许多，似乎更有经验。有一段时间，里维显得有点招架不住。裁判担心里维会受伤，叫了暂停，打算就此终止比赛。然而，师傅不答应，坚持说："继续下去。"比赛重新开始，对手放松了戒备，里维立刻使出自己的那一招，制服了对方，赢了比赛，夺得冠军。

回家的路上，里维和师傅一起回顾每场比赛的细节。里维鼓起勇气道出心里的疑问："师傅，我怎么凭一招就能赢得冠军呢？"师傅答道："有两个原因：第一，你几乎完全掌握了柔道中最难的一招；第二，就我所知，对付这一招唯一的办法，是对手抓住你的左臂。"此时，里维最大的劣势变成了自己最大的优势。

里维的故事告诉我们，劣势并不可怕，可怕的是没有勇气去改变或利用劣势。可以说，一个成功的人的一生就是不断地把自己的劣势转化为优势的过程，他的人生中最为重要的一部分就是在做这个转化工作。这个过程当然是痛苦且艰难的，但是只要你在做，你去做，并且不停地做，你就是自身优势的保持者。

无论优势还是劣势，都不会长久存在。如何把劣势转化为优势，关键在于人们如何对待劣势。

鲨鱼是一种不适合海洋生存的鱼类，因为它没有鳔，并且身体庞大，在水里浮不起来，一缺氧就会死亡。所以，鲨鱼为了生存，就得不停地游动，以保证自己不因缺氧而死亡。这种不停息的游动，使得鲨鱼变得无比强壮，打败了适应海洋生存的各种有鳔的鱼类，从最不适合在海洋生存的动物，变成了海上"巨无霸"。可以说，鲨鱼是变劣势为优势的典型代表。

我们可以参照下面几点，将自身的劣势转化为优势。

首先，要不断学习，充实自己。

鲨鱼靠不停地游动使自己生存、强大。同样，我们也要通过不断地学习，使自己跟上时代的潮流，变得更加强大。在当今时代，不学习是不行的，不学习就会停滞不前，跟不上时代前进的步伐，就是后退。

其次，要自我管理，改进自己。

作为现代人，我们必须加强自我约束和管理，调整和改进自己，发挥自身的优势，弥补自身不足，不断进步。

第三，要努力实践，完善自己。

鲨鱼通过实践，不断完善自己。它可通过水中气味和磁场感知辨别猎物，可通过集体合作大量地吞噬猎物。这些都是鲨鱼在实践中获得的本领。实践是完善自己的方法。作为职场人，不应只会空讲理论，眼高手低，而要通过积极实践，挖掘和锻炼自己，培养自己的才干，丰富自己的经验，争做事业有成的职场人。

第四，要抓住机遇，创造自己。

作为职场人，我们要正视自己身上存在的问题和不足，对于影响自己前途的问题，必须努力克服，坚决改正，让自己全面发展，在职场生涯中不断取得进步，成为一个强者。

一个人在自己的生命旅程中，要非常清醒地对自己的优势和劣势进行不断审视，明白什么地方是自己的优势，什么地方是劣势，需要自己进行怎样的调整和塑造。要对自己有个明确的估量，好在人生的各个阶段都能自如地转化自身的优势和劣势。

只有在不断的转化中，一个人的能力才会不断提高，生存能力才会增强。随着不断增强的生存能力，一个人才会满足于社会对他的多方面需要，更好地立足于社会。

02　正确对待人生的缺憾

如果上帝不小心将"缺憾"赐予了你，不要悲观，不要抱怨，这只是上帝为你出的一道难题。

在逆境之中，一个人要善于把自己最弱的部分转化为最强的优势，这样才能为自己开拓人生的新局面。

一位神父要找三个小男孩，帮助自己完成主教分配的1000本《圣经》销售任务。神父觉得自己只能完成300本的销售量，于是他决定找几个能干的小男孩卖掉剩下的700本《圣经》。

神父对于"能干"是这样理解的：口齿伶俐，小男孩必须言辞美妙，能让人们欣喜地做出购买《圣经》的决定。于是按照这样的标准，神父找到了两个小男孩，这两个男孩都认为自己可以轻松卖掉300本《圣经》。可即使这样，还有100本没有着落。为了完成主教分配的任务，神父降低了标准，于是第三个小男孩找到了，给他的任务是尽量卖掉100本《圣经》，因为第三个男孩口吃很厉害。

5天过去了，那两个小男孩回来了，并且告诉神父情况很

改变他人不如改变自己

糟糕，他们俩总共只卖了200本。神父觉得不可思议，为什么两个人只卖掉了200本《圣经》呢？正在发愁的时候，那个口吃的小男孩也回来了，他没有剩下一本《圣经》，而且带来了一个令神父激动不已的消息：他的一个顾客愿意买他剩下的所有《圣经》。这意味着神父将能卖掉超过1000本的《圣经》，神父将更受主教青睐。

神父彻底迷惑了。被自己看好的两个小男孩让自己失望，而当初根本不当回事的小结巴却成了自己的福星，神父决定问问他。

神父问小男孩："你讲话结结巴巴的，怎么这么顺利就卖掉我所有的《圣经》呢？"

小男孩答道："我……跟……见到的……所有……人……说，如……果不……买，我就……念《圣经》给他们……听。"

小男孩知道自己的缺点就是口吃厉害，所以他顺势将自己的缺点转化成了优点。顾客们都很害怕听见一个口吃厉害的人读上一段《圣经》，而这是一个虔诚的教徒所不能拒绝的，于是他的《圣经》卖得精光。而且在卖《圣经》的过程中，有位顾客为他的精神所打动，就打算帮助他买下所有剩下的《圣经》。

所以，有的时候缺点不一定是件坏事，如果引导得好，就能把缺点转化为优点。

生活需要睿智、豁达和意志。如果上帝不小心将"缺憾"赐予了你，不要悲观，不要抱怨，这只是上帝为你出的一道难题，只要你充满希望，只要你换个角度，你会发现机会其实就在前方拐角处。

03　一进一退，劣势成优势

退，是指半途而止，并不是半途而废，它包含着积极的内涵，而不是消极地夹着尾巴逃跑。

我们在遇到挫折或遭遇强敌时常常提及"三十六计，走为上策"的说法。"走"的本义是"跑"，引申为"逃跑"。逃跑何以是上策呢？

原来，"走为上"在《三十六计·败战计》中，意指形势不利，要避免与敌人决战，面前只有三条路可走：竖起白旗，"我服了你"——投降；眼见再斗下去并没有任何好处，"打平手算了"——讲和；投降是百分之百失败，讲和算百分之五十失败，还不如逃跑——逃跑可以保全实力，有从退中求胜的希望。逃跑比起投降、讲和，堪称"上策"。尤其值得提醒的是：退却是指半途而止，并不是半途而废，它包含着积极的内涵，而不是消极地夹着尾巴逃跑。为了把握好这一点，让我们再重温一下浪里白条张顺"退中求胜"智胜黑旋风的故事。

《水浒》第三十七回有"黑旋风斗浪里白条"的情节，十分精彩，描写李逵与戴宗、宋江三人在靠江琵琶亭酒馆饮酒，李逵到江边渔船抢鱼，趁着酒兴，闹将起来。书中写道：正热闹里，只见一个人从小路里走出来，众人看见叫道："主人来了，这黑大汉在此抢鱼，都赶散了渔船。"

那人道："什么黑大汉，敢如此无礼？"众人把手指道："那厮兀自在岸边寻人厮打。"那人抢将过去，喝道："你这厮吃了豹子心、大虫胆，也敢来搅乱老爷的道路！"李逵看那人时，六尺五六身材，三十二三年纪，三缕掩口黑髯，头上裹顶青纱万字巾……手里提条秤。那人正来卖鱼，见了李逵在那里横七竖八打人，便把秤递与行贩接了，赶上前来大喝道："你这厮要打谁？"李逵不回话，抢过竹篙，却望那人便打，那人抢过去，早夺了竹篙，李逵便一把揪住那人头发，那人也不施弱，要奋起反抗。

怎敌得李逵水牛般气力，直推将开去，不能够拢身，那人便望肋下擢得几拳，李逵那里看在眼里，那人又飞起脚来踢，被李逵直把头按将下去，提起铁锤般大小拳头，去那人脊梁上擂鼓似地打。那人怎生挣扎？李逵正打哩，一个人在背后劈腰抱住，一个人便来帮助手，喝道："使不得，使不得！"李逵回头看时，却是宋江、戴宗。李逵便放了手，那人略得脱身，一道烟走了。

戴宗埋怨李逵道："我教你来讨鱼，又在这里和人厮打。倘或一拳打死了人，你不去偿命坐牢？"李逵应道："你怕我连累你，我自打死了一个，我自去承当。"宋江便道："兄弟休要论口，拿了布衫，且去吃酒。"李逵向那柳树根头，拾起布衫，搭在胳膊上。跟了宋江、戴宗便走。行不得数十步，只听得背后有人叫骂道："黑杀才今番要和你见个输赢。"李逵回头看时，便是那人脱得赤条条地，匾扎起一条水裤儿，露出一身雪练也似白肉……在江边独自一个把竹篙撑着一只渔船赶将来，口里大骂道："千刀万剐的黑杀才，老爷怕你的，不算好汉！走的，不是好男子！"李逵听了大怒，吼了一声，撇了布衫，抢转身来，那人便把船略拢来，凑在岸边，一手把竹篙点定了船，口里大骂着。李逵也骂道："好汉便上岸来。"那人把竹篙去李逵腿上便搠，撩拨得李逵火起，托地跳在船上。

说时迟，那时快，那人只要诱得李逵上船，便把竹篙往岸边一点，双脚一蹬。李逵当时慌了手脚。那人更不叫骂，撇了竹篙，叫声："你来，今番和你定要见个输赢。"便把李逵胳膊拿住，口里说道："且不和你厮打，先教你吃些水。"两只脚把船只一晃，船底朝天，英雄落水，两个好汉扑通地都翻筋斗撞下江里去。宋江、戴宗急忙赶至岸边，那只船已翻在江里，两个只在岸上叫苦。

江岸边早拥上三五百人，在柳荫底下看，都道："这黑大汉今番却着道儿，便挣扎得性命，也吃了一肚皮水。"宋江、戴宗在岸边看时，只见江面开处，那人把李逵提将起来，又淹将下去，两个正在江心里面清波碧浪中间，一个显浑身黑肉，一个露遍体霜肤。两个打作一团，绞作一块，江岸上那三五百人没一个不喝彩。当时宋江、戴宗看见李逵被那人在水里揪扯，浸得眼白，又提起来，又按下去，老大吃亏，便叫戴宗央人去救。戴宗问众人道："这白大汉是谁？"有认得的说道："这个好汉，便是本处卖鱼主人，唤做张顺。"宋江听得，猛省道："莫不是绰号浪里白条的张顺？"众人道："正是，正是。"

浪里白条张顺，将"陆战"变成"水战"，在一退一进之间，创造战机，扬长避短，找到了战胜李逵的上策。号称铁牛的李逵毕竟不是水牛，灌饱江水，吃够了苦头。

此例无疑告诉我们，必须处理好退与进的关系：退，向对手让步，是避敌锋芒、摆脱劣势的手段，用退来赢得进的积极行动。可是一般人在谋划时喜进而厌退，认为退是怯弱的表现。殊不知退的软弱正可以利用进来麻痹对手，掩盖自己对进的准备和行动，其实在"软弱"中蕴藏着威力。古代哲学家老子提出"进道若退"，他力主以柔克刚，以退为进，这又岂是只知猛冲猛打的人所能理解的呢？无论是战场还是商场，也无论是胜利后的退却还是失败后的退却，只要"退"仅只是手段，而不是最后的目的，只要有利于整体目标的实现，"退"又何尝不是上策呢？大自然中的狼族，有许多的成功猎捕正是由"退中求胜"所换取的。

因此，退中求胜的积极意义可概括为：保存实力、重整旗鼓以及待机战胜。

04 忘记仇恨，宽容待人

穿梭于茫茫人海中，面对一个小小的过失，常常一个淡淡的微笑，一句轻轻的歉语，带来包涵谅解，这是包容；在人的一生中，常常因一件小事、一句不经意的话，使人不理解或不被信任，但不要苛求任何人，以律人之心律己，以恕己之心恕人，这也是包容。所谓"己所不欲，勿施于人"也寓理于此。

在犹太人的《圣经》中有一则约瑟夫接纳他的哥哥的故事。

约瑟夫是雅各的第十一子，遭兄长嫉妒，在年少时被卖往埃及为奴，后来做了宰相。有一年因为饥荒，他的哥哥们到埃及来寻求食物，约瑟夫见到了兄长。当约瑟夫发现自己的哥哥们时，在众多仆人面前终于控制不住自己，他大声叫起来："所有的人都走吧！"

众仆人都离开了，这时约瑟夫对哥哥们说："我是约瑟夫，我的父亲还好吗？"他的哥哥们无法回答，一个个都目瞪口呆了。接着，约瑟夫又对哥哥们说："走近些。"当他们走近，他说："我是你们的兄弟约瑟夫，你们曾经把我卖到埃及。"兄长们还是不敢相信。但是，当他们明白一切都是真的时，他们看着眼前的弟弟如此威风、如此荣耀，更是吓得说不出话来了。但是，这时他们听到约瑟夫说："现在，你们不要因为把我卖到这里而感到难过，或谴责自己，那是上帝为了救我的命把我早些送来的。老家发生饥荒已经两年了，接下来还有 5 年时间所有的土地将颗粒无收。上帝把我早些送过来，是为了让你们继续存活，以特殊的方式搭救你们的性命。所以是上帝而不是你们把我送到这儿来的，他使我成为法老的父亲，所有财产的主人，整个埃及的统治者。"

在约瑟夫的话中，他把自己少年的苦难看成是上帝救自己的命的行为，其实是一种宽以待人、化敌为友的为人处世之道。

一个心中常想报复的人，其实自己活得也并不快乐。因为他的精力几乎全用在报复这件不愉快的事上了，而且就算成功，他也会有种失落与悔恨交织的情感。《呼啸山庄》中的男主人公希斯克利夫先生，由于小时候受到其他人的嘲弄，发誓报复。当他回归山庄时便展开了一系列的报复行动，最后许多人因此而痛苦地死去，但他那苍老的心却突然感到一种可怕的孤独，这就是对报复的报复。

既然我们都举目共望同样的星星，既然我们都是同一星球的旅伴，既然我们都生活在同一片蓝天下，那么就让我们忘记仇恨，好好享受生活吧。忘记仇恨就是快乐。人人都有痛苦，都有伤疤，经常去揭，会添新伤。学会忘却，生活才有阳光，才有欢乐。如果没有忘却，人无法快乐，只会淹没在对过去的懊悔、痛苦和对未来的恐惧、忧虑与烦恼之中，人的大脑与神经会因不堪重负而错乱，心也会被人生必经的一切坎坷吞噬，永远没有喘息的机会；如果没有忘却，人们可能会因为人与人之间的小摩擦而终生没有朋友、没有伴侣；如果没有忘却，那么我们除了在既没有多少记忆也不需要忘却的婴儿身上看到最天真的欢愉之外，不会再看到洋溢着幸福的脸。

忘记仇恨就是潇洒。宽厚待人，忘记仇恨，乃事业成功、家庭幸福美满之道。事事斤斤计较、患得患失，活得必然很累。法国19世纪的文学大师雨果曾说过这样一句话："世界上最宽阔的是海洋，比海洋更宽阔的是天空，比天空更宽阔的是人的胸怀。"人难得在滚滚红尘中走一遭，何必自寻那么多的烦恼呢？

仇恨就像海水，你喝得越多，就越觉得口渴难耐。实际上，忘记仇恨还是爱他人、爱世界的一种方式。人人都有不足，事事都有缺憾，但是瑕不掩瑜，只要我们忘记仇恨，不刻意追求完美，我们就能从中发现自己喜欢的东西，从而拥有丰富而美好的真实生活。

05 深谙技巧，进退有道

起，就直上九霄，伏，就如龙在渊；屈，就不露痕迹，伸，就清澈见底。漫漫人生路，有时退一步是为了跨越千重山，或是为了破万里浪。

　　"进"与"退"都是处世行事的技巧，是"圆"。"方"则是恰到好处的中庸之道，把握中庸，便有了进与退的判断标准，是进是退都有章法。该进的时候不进会失去机遇，该退的时候不退会惹来麻烦，甚至是祸害。

　　依方圆之理行进退之法有一层意思，就是妥当地进退。"进"不张扬，直奔要害；"退"不委屈，妥善收场。飞鸟尽，良弓藏；狡兔死，走狗烹；敌国破，谋臣亡。既能功成名就，又能远灾避祸是修身处世的秘诀。世间一切事物都在不断变化，时世的盛衰和人生的沉浮也是如此，必须待时而动，顺其自然。这就意味着，为人处世要精通时务，懂得"激流勇进"和"急流勇退"的道理。

　　在古代，有不少真正的权谋家都懂得"功成身退"的道理，在开创伟业、大展宏图、实现夙愿之后，简单地"一退"，避开了灾祸。

　　春秋时期，吴越争雄，越国范蠡在越王勾践身为人奴之时，鼎力效忠。在忍耐了漫长的屈辱之后，越王勾践终于得以东山再起，一举灭掉了吴国，重建越国。而立下赫赫功劳的范蠡在庆功宴上，却悄悄带着西施，乘一叶扁舟离开了。

　　临走前，他曾托人送过一封信给他的好友文种，信上说：狡兔死，走狗烹；敌国灭，谋臣亡。越王这个人能容忍敌人的欺负，可不能容得下有功的大臣。我们只能够同他共患难，却不能同他共安乐。你现在不走，恐怕将来想走也走不了了。可惜，文种没有听其劝告，最后被勾践逼死。临死对天长叹，痛悔自己没有听范蠡的话，而落得被杀的结局。

与文种相反，范蠡带着西施和一些财宝珠玉，弃官经商，改名换姓，跑到齐国去了。几年后，成为百万富翁，后人称其为商圣陶朱公。

范蠡和文种的一退一进，正好说明了"退"的机会含义。范蠡的"退"，为自己创造了更好的机会，而文种的"进"，其结果却是死路一条。

老子说："持而盈之，不如其已；揣而锐之，不可常保；金玉满堂，莫之能守；富贵而骄，自遗其咎。功述身芮，天之道也。"它的意思是：始终保持丰盈的状态，不若停止它；不停地磨砺锋芒，欲使之光锐，却难保其锋永久锐利；满屋的金银珠宝，很难永恒地守护住它；人富贵了就会产生骄奢淫逸的心理，反而容易犯错误。功成名就则应隐退，此乃天理。它提醒人们功成名就、官位显赫后，人事会停滞，人心会倦怠，业绩也不会进展。应立即辞去高位，退而赋闲。否则，说不定会因芝麻小事而被问罪，遭到晚节不保的厄运。

清代中兴名臣曾国藩最懂参悟保身之道。

攻下金陵之后，曾氏兄弟的声望，可以说是如日中天，达于极盛，曾国藩被封为一等侯爵，世袭罔替；曾国荃一等伯爵。所有湘军大小将领及有功人员，莫不论功封赏。当时湘军人物官居督抚位子的便有十人，长江流域的水师，全在湘军将领的控制之下，曾国藩所保奏的人物，无不如奏所授。

但树大招风，朝廷的猜忌与朝臣的妒忌随之而来。曾国藩说："长江三千里，几无一船不张鄙人之旗帜，外间疑敝处兵权过重，权力过大，盖谓四省厘金，络绎输送，各处兵将，一呼百诺，其相疑者良非无因。"颇有心计的曾国藩应对从容，马上就采取了一个裁军之计。他在战事尚未结束之际，即计划裁撤湘军。他在两江总督任内，便已拼命筹钱，两年之间，已筹到550万两白银。钱筹好了，办法拟好了，战事一结束，便即宣告裁兵。不要朝廷一文，裁兵费早已筹妥了。

同治三年六月攻下南京，取得胜利，七月初旬即开始裁兵，一月之间，首先裁去25000人，随后亦略有裁遣。世上的一切事物，认真去琢磨，都有其规律可循，月不总圆，花不总红，物极必反。曾国藩深谙此道，所以，当他功成名被封为一等侯爵，世袭罔替之时，他怕树大招风，引起朝廷猜忌，怕人说他拥兵自重，所以，自己先行一步自我裁军。这一计谋，果然奏效，朝廷没有了顾虑，曾氏家族也求得了安定。

人生如果到了"往左，你能应付裕如；往右，你能掌握一切"的境界，就不会枉为人生了。大丈夫有起有伏，能屈能伸。如此的低一低头，即便今日成渊谷，即便今秋化作飘摇的落叶，明天也足以抵达珠穆朗玛峰的高度，明春依然会笑意盎然、傲视群雄。

纵观世界历史，大凡能成就伟业者，无不是深谙进退规则之人。退而不隐，强而不显，大智慧者往往掌握了进退方圆的秘诀，为众人敬仰。知晓进退，懂得方圆，是我们能于历史的潮涌中得以应万变的法宝。许多成功人士一生不败，关键就在于用绝了为人处世之道，进退之时，俯仰之间，都运用自如，超人一等，让左右暗自佩服，以之为师。

06 不妨换个角度看输赢

有时我们输了，其实是赢了；有时我们赢了，但却是输了。

2008 年，由雷曼兄弟破产引起的金融危机气势汹汹地席卷全球。与此同时，美国的总统大选也拉开了帷幕。从美国时间 2008 年的 11 月 4 日开始，美国人开始投票，选举产生未来四年的国家掌舵人。按照那时的民意显示，在麦凯恩和奥巴马之间，奥巴马很可能成为新的领导人。在全球主要股市纷纷大跌、经济低迷的时候，奥巴马却风头正劲，这在很大程度上得益于这次金融危机。道理很简单，危机还在肆虐，美国经济向衰退滑落，其中共和党政府难辞其咎，于是身为共和党人的麦凯恩也就不得不受到了池鱼之殃。

果不其然，2008 年 11 月 5 日，美国大选结束，奥巴马成为美国历史上第一任黑人总统！

一场危机，却造就了奥巴马的机遇，这不得不说困境有时候也能制造出机会。当你改变想法的时候，世界也就跟着变了，心念一转，你会发现一个更广阔的世界。基于这样的道理，就某事物的某种作用展开逆向思维，有可能想出更好利用该事物或与其相关事物的新设想、新主意来，所以，失败只是个相对的概念，却不是注定的结果。

有一次，古埃及国王胡夫举行盛大的国宴，厨工们忙得团团转。一名小厨工不慎将刚炼好的一盆羊油打翻在灶边，吓得他急急忙忙用手把混有羊油的炭灰一把一把地捧起来扔到外边去。扔完后赶紧洗手，手上竟出现滑溜溜、黏糊糊的东西，而且洗后的手特别干净。

小厨工发现这个秘密后，便悄悄地把扔掉的羊油炭灰捡回来，供大家使用，结果每个厨工都洗得又白又净。后来，国王胡夫发现这个秘密后，便盘问起来。小厨工如实道出了原委。国王胡夫试后赞不绝口。很快，这个发现便在全国推广开来，并传到了希腊和罗马。在这个发现的基础上，人们研制出了肥皂。

还有一个美国印刷工人，在生产书写纸时不小心弄错了配方，生产出一大批不能书写的废纸。他被扣工资、罚奖金，最后还遭到解雇。正当他灰心丧气的时候，他的一个朋友提醒他，让他仔细想一想，能否从失误中找到有用的东西。于是，他很快认识到，这批纸虽然不能做书写用纸，但是吸水性能相当好，可用来吸干器具上的水。于是，他将这批纸切成小块，取名"吸水纸"，投到市场后，相当抢手。

换一个位置或者换一个环境去看待事物，在这方面看来是缺点，但转移到另一方面来看，却是优点，这也是一种认知方式。

拿破仑在遭遇敌人猛攻后撤退时曾对他的部队说："我们并未撤退，只是换个方向前进。"

还有许多伟大的创新发明，也是在别人认为无用之后，经过转换式思考重组而发现它潜在的用途。例如石油在早期曾被视为破坏土地、妨碍农作物，可是看看今天它对我们的作用。

在美国有一家皮鞋制造厂，为了扩大市场，工厂老板便派一名市场经理到非洲的一个孤岛上调查市场。那名市场经理一抵达，发现当地的人们都没有穿鞋子的习惯，回到旅馆，他马上发电报告诉老板说:"这里的居民从不穿鞋,此地无市场。"当老板接到电报后,思索良久,便吩咐另一名市场经理去实地调查。当这名市场经理一见到当地人们赤足,没穿任何鞋子的时候,心中兴奋万分,一回到旅馆,马上电告老板:"此岛居民无鞋穿,市场潜力巨大,快运一万双皮鞋过来。"

同样的境况,却有不同的观点与结论。当我们往不好的方面去思考的时候,我们将错失许多成功的机会。相反的,若我们一直往积极的方面去思考的话,我们就会挖掘出许多令人想不到的机会,哪怕是"危机"都有可能隐藏着另一个机会,不是吗?

07 用新视野看世界

真正的发现之旅,不在于寻找世界,而在于用新视野看世界。

一个人的成功掌握在自己手中。思维既可以作为武器,摧毁自己,也能作为利器,开创一片属于自己的未来。你是一名穷人,如果你改变了自己的思维方式,像亿万富翁一样思考,你的视野就会开阔无比,最终成为一名富人;如果你一味坚持穷思维而不思改变,那么你只能继续穷下去了。

哲学家普罗斯特曾说过:"真正的发现之旅,不在于寻找世界,而在于用新视野看世界。"世界瞬息万变,现代人在面对新世纪的挑战时,首先要改变自己的思想观念,与时俱进,不能故步自封、抱残守缺,更不能一成不变、裹足不前。而必须以新思想、新观念、新视野适应种种变化。

一本杂志的扉页中有这样一段文字："有了智慧，我们才能得到财富；有了财富，我们才能得到自由。"可见思想观念对人的影响何其重大，现代人要靠领薪水致富，恐怕难如登天，靠思想观念致富则是一条捷径。世界首富比尔·盖茨就是一个靠脑袋致富的典型例子，他拥有比别人先进的观念，将许多别人想不到的想法及创意，化为电脑软件程式，在电脑资讯界独领风骚，赚进亿万财富。

"亿万财富买不到一个好的想法，一个好的想法却可以赚进亿万财富。"一个人想要过上富有的生活，简而言之，就是要靠脑袋致富，而不是靠领薪水过日子；要靠组织网络倍增财富，而不是靠单打独斗赚血汗钱。

所有的成功首先都源于心灵，所有的构架首先都是思想的构架。建筑物所有的细节首先在建筑师的头脑里完成，施工者仅仅是围绕建筑师的设计放置石头、砖块和其他材料。而实际上，我们每个人都是建筑师，我们所做的每一件事都预先在大脑里有某种程度的设计。有些人想挣钱，但是他们使自己的思维处在封闭状态。因此，他们不可能处于一种富有的环境中。

很多时候，使我们陷入贫穷的正是思想上的贫穷。很少有人能够认识到形成成功思想的可能性，事实上，任何东西都是首先创造于头脑，随后才是实物。如果我们的思考能力更强些，我们就会是更好的物质劳动者。美国成功学大师拿破仑·希尔博士依赖自己所创的"心理创富学"而拥有亿万资产，他曾指出："人的心灵能够构思到，而又确信的，就可以成为财富。"并提出了心灵创造财富的公式：财富 = 想象力 + 信念。

就是说，人获得的一切物质或精神成就，首先都由心灵的想象构思而来,然后再依赖于信念去全心运作。在人类科技史上,科学的发现和技术成果的获得,与那些最早被斥为"异想天开"的想象有着紧密的联系,这已被事实所证明。法国科幻作家凡尔纳一百年前构思的飞船及海底游船,与今天的航天飞机、潜艇的惊人相似,也使我们得出同样的结论,即人类的唯一极限是系于其想象力的。

心理学家指出,想象的方法有三类:逻辑想象、批判想象、创造想象。这三类想象的单独或综合运用,都可能提供创造财富的正确途径——想象力的结晶。想象力是灵魂的工场,也是财富的"核反应堆",它可以给你带来一个创富的目标,让世界上许多事物向你展示出新奇的面目。但仅止于此还不够,你还必须以坚定的信念去加以实现。关于行动的重要性,曾获得过1978年度诺贝尔物理学奖的罗伯特·威尔逊在谈到科学的创造过程时说过:"科学家在动手解决一个确定会有答案的难题时,他的整个态度才会随之发生根本改变,此时他实际上已经找到了一半的答案。"因此,当我们有一个致富的创意存在于大脑中时,不妨相信财富已经在某处存在,仅需要我们动手去捉住"她"罢了。

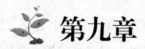

第九章

改变自己，梦想靠行动来实现

　　每个人都有属于自己的梦想，把自己的梦想照进现实，通过自己的努力来一步步地实现它，就能实现自己的终极目标！

01 实现目标，需要你的行动

没有行动就无法接近你真正的人生目标。但对大多数人来说，行动的死敌是犹豫不决，即碰到问题，总是不能当机立断，思前想后，从而失去最佳的机遇。

"快！快！快！为了生命加快步伐！"这句话常常出现在英国亨利八世统治时代的留言条上警示人们，旁边往往还附有一幅图画，上面是没有准时把信送到的信差在绞刑架上挣扎。当时还没有邮政事业，信件都是由政府派出的信差发送的，如果在路上延误要被处以绞刑。

在古老的、生活节奏缓慢的马车时代，用一个月的时间历经路途遥远而危险的跋涉才能走完的路程，我们现在只要几个小时就可以穿越。但即使在那样的年代，不必要的耽搁也是犯罪。文明社会的一大进步是对时间的准确测量和利用。我们现在一个小时可以完成的任务是 100 年前的人们 20 个小时的工作量。

成功有一对相貌平平的双亲——守时与精确。每个人的成功故事都取决于某个关键时刻，在这个时刻来临。一旦犹豫不决或退缩不前，机遇就会失之交臂，再也不会重新出现。马萨诸塞州州长安德鲁在 1861 年 3 月 3 日给林肯的信中写道："我们接到你们的宣言后，就马上开战，尽我们的所能，全力以赴。我们相信这样做是美国和美国人民的意愿，我们完全废弃了所有的繁文缛节。"1861 年 4 月 15 日那天是星期一，他在上午从华盛顿的军队那边收到电报，而第二个星期天上午 9 点钟他就作了这样的记录："所有要求从马萨诸塞出动的兵力已经驻扎在华盛顿与门罗要塞附近，或者正在去往保卫首都的路上。"

安德鲁州长说："我的第一个问题是采取什么行动，如果这个问题得到回答，第二个问题就是下一步该干什么。"

英国社会改革家乔治·罗斯金说："从根本上说，人生的整个青年阶段，是一个人个性成型、沉思默想和希望受到指引的阶段。青年阶段无时无刻不受到命运的摆布——某个时刻一旦过去，指定的工作就永远无法完成，或者说如果没有趁热打铁，某种任务也许永远都无法完工。"

拿破仑非常重视"黄金时间"，他知道，每场战役都有"关键时刻"，把握住这一时刻意味着战争的胜利，稍有犹豫就会导致灾难性的结局。拿破仑说，之所以能打败奥地利军队，是因为奥地利人不懂得五分钟的价值。据说，在滑铁卢企图击败拿破仑的战役中，那个性命攸关的上午，他自己和格鲁希因为晚了五分钟而惨遭失败。布吕歇尔按时到达，而格鲁希晚了一点。就因为这一小段时间，拿破仑就送到了圣赫勒拿岛上，从而使成千上万人的命运发生了改变。

有一句家喻户晓的俗语几乎可以成为很多人的格言警句，那就是：任何时候都可以做的事情往往永远都不会有时间去做。化公为私的非洲协会想派旅行家利亚德到非洲去，人们问他什么时候可以出发。他回答说："明天早上。"当有人问约翰·杰维斯，即后来著名的温莎公爵，他的船什么时候可以加入战斗，他回答说："现在。"科林·坎贝尔被任命为驻印军队的总指挥，在被问及什么时候可以派部队出发时，他毫不迟疑地说："明天。"

与其费尽心思地把今天可以完成的任务千方百计地拖到明天，还不如用这些精力把工作做完。而任务拖得越后就越难以完成，做事的态度就越是勉强。在心情愉快或热情高涨时可以完成的工作，被推迟几天或几个星期后，就会变成苦不堪言的负担。在收到信件时没有马上回复，以后再拣起来回信就不那么容易了。许多大公司都有这样的制度：所有信件都必须当天回复。

当机立断常常可以避免做事情的乏味和无趣。拖延则通常意味着逃避，其结果往往就是不了了之。做事情就像春天播种一样，如果没有在适当的季节行动，以后就没有合适的时机了。无论夏天有多长，也无法使春天被耽搁的事情得以完成。某颗星的运转即使仅仅晚了一秒，它也会使整个宇宙陷入混乱，后果不可收拾。

"没有任何时刻像现在这样重要，"爱尔兰女作家玛丽·埃及奇沃斯说，"不仅如此，没有现在这一刻，任何时间都不会存在。没有任何一种力量或能量不是在现在这一刻发挥着作用。如果一个人没有趁着热情高昂的时候采取果断的行动，以后他就再也没有实现这些愿望的可能了。所有的希望都会消磨，都会淹没在日常生活的琐碎忙碌中，或者会在懒散消沉中流逝。"

02 想好了就一定要去做

相信每个人都曾有过这样的经历：冬日寒冷的早晨，离开被窝是最困难的事情。因为即使只是掀开被子，伸出手脚，想到起床后的冰冷，你就已犹豫再三，不想从暖和的被窝里出来，进入寒冷的世界。闹钟已经响过 N 遍了，马上就要迟到了，你才会慢慢地起来。

行动，虽然来源于想法，但行动力一定要大于思想力。但有时并没有那么简单，不像我们想的那样，只要放手去做就可以了。

比如说，你开始暗恋一个人，但是他（她）太优秀、太受欢迎了，走到哪里都吸引无数人的目光，他（她）的周围永远聚集着无数的追求者。你的感情告诉你不能轻言放弃，也许这是你一辈子唯一的真爱，但是你的脚却始终迈不开这一步。你不能去表白，害怕被拒绝，更害怕连朋友都做不成了。你想过无数个可以带来惊喜、带来成功的表白场面，但是这些激动的时刻只是出现在你的脑海里。

你想过无数个关于成功的计划，如如何从一个小职员一步步做到大老板，如何开第一家小店到全国连锁，如何磨剑十年等待一朝笑傲江湖……这种种途径都可以通向光辉的未来。但是，一年过去了，两年过去了，你还是在规划。你的人生"总是规划"，没有行动也就没有真实。

总经理指着办公室里两个并排放置的高大铁柜，为应聘者出了考题——请回去设计一个最佳方案，不搬动外边的铁柜，不借助外援，一个普通的员工如何把里面那个铁柜搬出办公室。望着据总经理称每个起码有 500 多斤重的铁柜，10 位精于广告设计的应聘者先是面面相觑，不知总经理为何出此怪题。看到总经理那一脸的认真，他们意识到了眼前考题的难度，又都仔细地打量了一番那个沉重的铁柜。毫无疑问，他们感觉到这是一道非常棘手的难题。

3天后，9位应聘者交上了自己绞尽脑汁的设计方案，有的利用杠杆原理，有的利用滑轮技术，还有的提出了分割设想……但总经理对这些似乎很有道理的各种设计方案根本不在意，只随手翻翻，便放到了一边。这时，第10位应聘者两手空空地进来了，她是一个看似很弱小的女孩，只见她径直走到里面那个铁柜跟前，轻轻一拽柜门上的拉手，那个铁柜竟被拉出来了——原来里面的那个柜子是超轻化工材料做的，只是外面喷涂了一层与其他铁柜一模一样的铁漆，其重量不过几十斤，她很轻松地就将其搬出了办公室。这时，总经理微笑着对众人道："大家看到了，这位女士设计的方案才是最佳的——她懂得再好的设计，最后都要落实到行动上。"

关于成功，谁都可以拥有无数美妙的设想，但是成功的理由却只有一个，那就是行动远远大于思想。你在等待灵感降临的那一刻，你在等待一个大好的机遇，你在增加内存，你在忍辱负重，这些都是借口。

美国西点军校有一个广为传颂的悠久传统，学员遇到军官问话时，只能有四种回答：

"报告长官，是！"

"报告长官，不是！"

"报告长官，不知道！"

"报告长官，没有任何借口！"

西点军校在建校的200多年间，共培养了1531位CEO、2012位总裁、5000余位副总裁，培养的工商界精英比著名的哈佛、麻省理工还要多。执行力成为西点学生个人品牌及核心竞争力的有力支撑点，这些学生成就了西点军校的荣耀，西点军校也成就了这些学生的成功。

　　为什么军人比受过专业教育的企业精英更能在商界创造出神话？他们到底有什么绝招？原来，这所谓的"军人之谜"，其实就是"团队的执行力之谜"。同样，中国的海尔、联想、华为、万科等著名的企业也存在一个巧合，那就是它们的老总张瑞敏、柳传志、任正非、王石等都是军人出身。因为这些人所执掌的企业中，不是某位或某些领导具有执行力，也不是某个或某些员工具有执行力，而是整个团队的人都具有执行力。这才保证了企业战略和措施被不打折扣、不走样地执行下去，也才会有高绩效的企业业绩。

　　与其在黑暗中承担梦想的重压，不如奋起打开一道缺口，与梦想遥遥相望，不断地缩近距离。那些大有作为的人都不会等到精神好的时候才去做事，而是推动自己的精神去做事。

　　"逼"自己去行动，是一种人生常态。不要以为那些成功者都是顺其自然、轻而易举地站在了顶峰，他们同样也是在苦与泪中一步步爬上来的。

　　大多数的人，在开始的时候都拥有远大的梦想，但因缺乏立即行动的思路，梦想便开始萎缩，种种消极与不可能的思想衍生，甚至就此不敢再存任何梦想，过着随遇而安、乐于知命的平庸生活。这也是为何成功者总是少数人的原因。

　　一个方案，一个规划，一个梦想，即使在你的脑海里转上千百次也不会对现实生活产生作用。但是哪怕是你无心的一次行动，都可以给你带来生活的奇迹。

　　关于未来，关于生活，你有着无数种的设想，你在比较哪一种更好，更适合你；但是你与其这样在虚空中比较，不如一件件地去尝试，看看到底哪一件更适合自己为之终身付出。很多事情，想起来和做起来是天差地别的。耗费太多的时间去想，只会让梦想越来越黯淡无光，只会让自己越来越没有自信。

所以，从现在开始，如果你已经有了一个想要实现的想法，就立刻开始行动吧。想法决定活法，不管这个想法是不是成熟，它都值得你去尝试，去努力，去行动！很多人都曾经拥有远大的梦想，但是，常常因为缺乏立即行动的能力，梦想开始萎缩，最终变得渺茫，甚至消亡。与其在黑暗中为自己逝去的梦想哭泣，不如打开一道缺口，与梦想遥遥相望，逐步缩近距离。只要你付诸行动，总有一天，你会看到生活的奇迹。

03 改变自己要体现在行动上

在工作中，行动比想法更重要，要想顺利地完成工作，取得优异的工作业绩，在经过思考后，关键在于行动。如果不行动，就成了口头上的巨人。

梦想是成大事者的起跑线，决心则是起跑时的枪声，行动犹如全力地奔跑，唯有奋力坚持到最后 0.001 秒，方能获得成大事者的锦旗。

有一位名叫布兰妮的美国女孩，她从念大学的时候起，就一直梦寐以求当电视节目主持人。她觉得自己具有这方面的才干，因为每当她和别人相处时，即便是陌生人也都愿意亲近她并和她长谈。她知道怎样从人家嘴里"掏出心里话"。她的朋友们称她是他们的"亲密的随身精神医生"。她自己常说："只要有人愿给我一次上电视的机会，我相信自己一定能成功。"

布兰妮的父亲是波士顿有名的整形外科医生，母亲在一家声誉很高的大学担任教授。她的家庭对她有很大的帮助和支持，她完全有机会实现自己的理想。但是，她为达到这个理想而做了些什么呢？其实什么也没做！她在等待奇迹出现，希望一下子就当上电视节目主持人。这种奇迹当然永远也不会到来。因为在她等奇迹到来的时候，奇迹正与她擦肩而过。

布兰妮的悲剧正是由于她自己疏于行动造成的，与她的命运类似的例子不在少数，主要原因就在于他们有一种惰性。

有个落魄的中年人每隔三两天就到教堂祈祷，而且他的祷告词几乎每次都相同。"上帝啊，请念在我多年来敬畏您的份上，让我中一次彩票吧！阿门。"几天后，他又垂头丧气地回到教堂，同样跪着祈祷："上帝啊，为何不让我中彩票？我愿意更谦卑地来服侍您，求您让我中一次彩票吧！阿门。"又过了几天，他再次出现在教堂，同样重复他的祈祷。如此周而复始，不间断地祈求着。终于有一次，他跪拜道："我的上帝，为何您不垂听我的祈求？让我中彩票吧！只要一次，让我解决所有困难，我愿终身奉献，专心侍奉您……"就在这时，圣坛上空传来宏伟庄严的声音："我一直垂听你的祷告。可是，最起码，你老兄也该先去买一张彩票吧！"

现在，你明白为什么这样的人注定不会成大事了吧？光有梦想是不够的，无论是在工作还是其他方面，要想有所作为，你必须为自己的理想下定追求到底的决心，并且马上行动！在现实生活中，有些人之所以比别人更容易走上成功的轨道，正是由于在想到之后能够付诸实际行动。

哥伦布还在求学的时候，偶然读到一本毕达哥拉斯的著作，知道地球是圆的，他就牢记在脑子里。经过很长时间的思索和研究后，他大胆地提出，如果地球真是圆的，他便可以经过极短的路程而到达印度了。这时候，许多有常识的大学教授和哲学家们都耻笑他的想法。因为，他想向西方行驶而到达东方的印度，岂不是痴人说梦吗？他们告诉他：地球不是圆的，而是平的，然后又警告道，他要是一直向西航行，他的船将驶到地球的边缘而掉下去……这不等于走上自杀之途吗？然而，哥伦布对这个问题很有自信，只可惜他家境贫寒，没有钱让他实现这个冒险的理想，他想从别人那儿得到一点钱，助他成大事，他一连空等了17年，结果还是失望。他决定不再等下去，于是启程去见皇后伊莎贝露，沿途穷得竟以乞讨糊口。皇后赞赏他的理想，并答应赐给他船只，让他去从事这种冒险的工作。为难的是，水手们都怕死，没人愿意跟随他去，于是哥伦布鼓起勇气跑到海滨，拉住了几位水手，先向他们哀求，接着是劝告，最后用恫吓手段逼迫他们去。一方面他又请求女皇释放了狱中的死囚，允许他们如果冒险成大事者，就可以免罪恢复自由。

1492年8月，当把一切都准备妥当后，哥伦布率领3艘帆船，开始了一个划时代的航行。

不料出师不利，刚航行几天，他们的船队之中就有两艘船破了，接着又在几百平方公里的海藻中陷入了进退两难的险境。没有办法，哥伦布只有亲自拨开海藻，才得以继续航行。在浩瀚无垠的大西洋中航行了六七十天，也不见大陆的踪影，水手们都失望了，他们要求返航，否则就要把哥伦布杀死。哥伦布兼用鼓励和高压两手，总算说服了船员。也是天无绝人之路，在继续前进中，哥伦布忽然看见有一群飞鸟向西南方向飞去，他立即命令船队改变航向，紧跟这群飞鸟。因为他知道海鸟总是飞向有食物和适于它们生活的地方，所以他预料到附近可能有陆地。哥伦布果然很快发现了美洲新大陆。

我们完全可以想象得出，如果哥伦布再等下去，必然会一生蹉跎，"空悲切，白了少年头"，美洲大陆的发现者可能改换他人了。成大事者的桂冠永远不会属于哥伦布了。哥伦布最终成了英雄，从美洲带回了大量黄金珠宝，并得到了国王的奖赏，以新大陆的发现者名垂千古，这一切都是行动的结果。

所以说，行动比想法更重要！为了更加顺利地工作，取得事业上的成绩，凡事一定要积极地付诸行动。

为避免万事俱备以后而不行动，或者行动之后却半途而废，我们应该注意两点：一是要预料种种困难。因为每一个冒险都会带来许多风险、困难与变化。假设你从芝加哥开车到旧金山，一定要等到"没有交通堵塞、汽车性能没有任何问题、没有恶劣天气、没有喝醉酒的司机、没有任何类似的意外"之后才出发，那么你什么时候才出发呢？你永远也走不了的。当你计划到旧金山时，先在地图上选好行车路线，检查一下车况以及其他需要尽量排除的意外。这些都是出发前需要准备的事项，但是从理论上说，你仍无法完全消除所有的意外。但你还是要动身，必须如此。二是发生困难时，要勇敢面对，绝对不能畏缩。成大事者并不是行动前就解决了所有的问题，而是遭遇困难时能够想办法克服。不管从事工商业还是解决婚姻问题或任何人生问题，一遇到麻烦就要想办法处理，正像遇到桥梁时就要跨过去一样自然。我们无论如何也买不到万无一失的保险。所以当你制定一项计划时，不要瞻前顾后，而要下定决心去实行你的计划。要知道，行动本身会增强信心，不行动只会带来恐惧。

一次行动胜过百遍胡思乱想，说一尺不如行一寸，行动比想法更重要。

04 心动不如行动

我们的梦想不要挂在嘴上，逢人说的天花乱坠，回头却忘在后背，什么都不去做。要像对待爱情那样对待梦想，如歌词里所唱，爱要说，爱要做。

一个再有思想的人，如果不去行动，那他也是个没有思想的人。

1. 做还是不做，这是个问题

有时候我们想了很多，但做了很少，抛开人的惰性和客观条件限制之外，我们也有检讨自己的地方，因为我们在反复琢磨和犹豫的时候，时光已经白白流逝，当有一天我们终于下定决心去做的时候，或许良机已丧失，年华已老去。时不我待，后悔不已。

下手要趁早，别等黄花菜都凉了我们才想着去做我们想做的事。下手要趁早是必须的，不论任何事。早起的鸟儿才有食吃，狗吃屎都要赶热的，找老公、找老婆也一样，下手迟了也只能看着别人的美，流着自己的口水，望人兴叹，鞭长莫及。

　　我们是我们自己的，但未来是未知的，谁也不知道将来会怎样，谁也不清楚什么样的奇迹会发生。好或者不好，只有做了才知道。就像鞋子，只有穿到自己的脚上才知道合不合适。

　　有时做一些事也需要破釜沉舟的勇气，比如几乎人人都有周游世界的梦想，但我们有几个人能不顾一切去实现呢？虽然生活充满艰辛，世界充满艰险，但我们不去做，永远也无法领略到这颗蓝色星球的魅力。江苏农民陈良全就打算用10年的时间周游世界，并从2003年开始，骑摩托车走了40多个国家，他的目标是要在2013年走完160个国家。此前他从1986年开始骑自行车走遍了全国。还有另一位号称只用3000美金就周游了世界的辽宁青年朱兆瑞，他用头脑去行走，用智慧去生活，在2002年花费了3000美金和77天的时间，进行了四大洲28个国家和地区的世界之旅，相当具备经济头脑的他完成的周游梦想也仅仅是具备了一些时间、勇气和为数不多的3000美金。他们的行动告诉我们，梦想只要去实践，希望都能看的见。

　　与朱兆瑞相比，陈良全苦行僧似的旅行需要更大的勇气和魄力，甚至很具有悲壮和传奇色彩，我们再回头仔细看看这个普通人在凤凰卫视《鲁豫有约》中所讲述的不普通的故事：

　　1962年，陈良全出生于安徽宣城的一个村庄，1980年初中毕业后在家务农。虽然离开了学校，但中学时听老师讲述的明朝徐霞客周游全国的故事，却一直印在他的脑海里。他曾在心中反复地问自己："明朝人都可以徒步走遍中国，我难道不行？"

　　"没有钱让自己去实现梦想，但不能为了钱而放弃梦想。"陈良全说，为了筹集到资金，他在自己的日记本上用1元钱做书签。为了攒这一元钱，他每天都出门去赚钱。就这样，他写了一年的日记，积攒下了360多元钱。"可真正计划起行程时，360元钱的确太少。"脑子灵活的陈良全又去卖竹子。他一咬牙背起55公斤竹子，骑上自行车上路了。途中下起了大雨，这让陈良全第一次有了在大雨中负重前行的经验。

1986年8月1日，他毅然踏上了骑自行车周游全国的旅程。靠着自己的"绝活"——沿路表演自行车特技，历时13年零6个月，他走遍了包括阿里、墨脱在内的中国内地355个地、市、州、盟。

2001年底，定居苏州的陈良全通过电视和报纸了解到，阿富汗、伊拉克战乱不断、非洲灾害蔓延的情形，他又萌生了骑摩托车环游世界、呼唤和平的念头。他说到做到。经过一段时间准备，陈良全于2003年8月7日从苏州出发，开始了"呼唤和平"骑摩托车周游世界之旅。

陈良全计划用10年时间游历160个国家和地区，不仅在沿途传播人道、呼唤和平，还拍摄各国风光、记录旅途见闻。

2007年4月初，当陈良全骑摩托车到达阿曼后，才行驶了3万多公里的摩托车突然报废了。

"怪我骑得太急了。"陈良全说，游历了7个国家和地区（尼泊尔、克什米尔、巴基斯坦、阿富汗、伊朗、阿联酋、阿曼）的他只好暂时中断行程回国休整。

由于先前为其赞助的企业说他们资金不充足，企业突然有了困难，拿不出合同约定的10万元保底赞助费。所以陈良全只好推迟了自己的环球之旅。不过，他相信，"即使没有企业赞助，自己凭借独特的车技，一样能在沿途筹集到盘缠。"

故事看到这里，我们看到的是一个人破釜沉舟和背水一战的勇气与胆识，以及对困难的挑战和对未来的自信。其实不论多么艰难的事，只要毫不犹豫地去做，身体力行，就有可能实现一切梦想。

只有去做，我们才能多一种可能和机会。

做还是不做，这是个问题。对任何人来说都一样。

你是不是一直在等待合适的时间、合适的环境、合适的机会去实现你的梦想？你有足够的耐心，你知道你能一直等下去。但时间是一种虚幻，环境要靠自己去创造，而机会更不会大声通知它的到来，它只是等待着你邀请的轻声耳语。所以，现在就是合适的时间。当你付诸行动，环境就会改变，机会是自己创造的。

那么，我们还等什么呢？

2. 疯狂的梦想

我们的梦想是思想中的一部分，但这一部分足以使我们激情澎湃，为此疯狂。

A. 迪拜：极限城市艺术

有着天下第一狂想的迪拜，造就了世界上唯一梦幻般的帆船七星酒店以及极具创造力和想象的大手笔：棕榈岛和地球岛。尽管 20 世纪 50 年代，它还是阿拉伯湾一个朴素的海滨小镇，但到 90 年代以后，迪拜发生了脱胎换骨的变化，鳞次栉比的摩天大楼在霍尔河畔奇迹般地崛起，让人以为自己仿佛到了纽约。像其他中东城市一样，迪拜因石油而富庶。但对一个雄心勃勃想在新世纪大展身手的新兴城市来说，石油当然不是全部。它打开了大门，大力发展旅游业。由于拥有优美的环境以及丰富多彩的文化（80% 的人口是外国人），到迪拜的旅游者以模特、艺术家、商人等高收入阶层居多。在迪拜王储的提议之下，知名企业家 Al-Maktoum 投资兴建了美仑美奂的 BurjAl-Arab（阿拉伯之星）酒店。

这个帆船造型的七星级酒店是迪拜的骄傲和象征，不仅是一般意义上世界各国城市兴建的地标性建筑，BurjAl-Arab 酒店本身就是一件艺术品，它位于延伸至阿拉伯海湾内 280 米处的人工岛上，宛如一艘巨大而又精美绝伦的帆船倒映在蔚蓝海岸中，可欣赏到一半是海水，一半是沙漠的阿拉伯海湾美景。它几乎突破了人们的想象力和令人窒息的豪华：酒店共有 56 层，客房面积从 170 平方米到 780 平方米不等，装饰酒店光黄金就用去 27 吨，酒店的柱子、墙壁、电梯全是镀金的不说，就连门把、洗手间的水龙头，甚至是一张留言条都镀上了黄金，可谓极尽奢华！而入住帆船酒店的客人，一出迪拜机场就有两种"豪华选择"：坐劳斯莱斯过去还是乘直升机？因为该酒店的 20 多辆劳斯莱斯和 10 多架直升机随时在机场恭候着客人。如果乘机前往的话，在 15 分钟的航程里，可以率先从高空鸟瞰迪拜市容，欣赏过壮丽的景观后，才徐徐降落在帆船酒店 28 楼的直升机坪。当然，这种高档享受是要付出高昂代价的，最低房价也要 900 美元，最高的总统套房则要 18000 美元。总统套房在第 25 层，家具是镀金的，设有一个电影院，两间卧室，两间起居室，一个餐厅，出入有专用电梯。已故顶级时装设计师范思哲曾对它赞不绝口。

BurjAl-Arab 酒店是全球最豪华和最高的饭店，它比法国艾菲尔铁塔还高出一截。因为实在太豪华，它被世界媒体誉为"全球唯一的七星级酒店"。

朱迈拉棕榈岛是伸入阿拉伯湾 5.5 公里的有史以来最大胆的工程之一。它规模庞大，甚至从太空中都能看到。它完全用沙子和岩石搭建而成。在地震、暴风雨和海水侵蚀中，朱迈拉棕榈岛的存在本身就是一个奇迹。工程施工人员时间有限，还要时刻面对大自然的挑战。他们原本以为，这样的超级建筑永远不可能成为现实。

而迪拜"世界地球岛"是有"世界第八大奇迹"之誉的世界最大人造海岛群。它由 300 多个人工岛以世界地图形式排列组成，距离迪拜海岸四公里，把所有岛屿组合在一起，就是一个世界地图的形状。这些岛屿均以部分国家、地区和城市命名，建造"世界地球岛"已耗资 80 亿美元，从各个方面来说它都是人工群岛的"世界之最"。

迪拜境内不仅有这个著名的七星级酒店"阿拉伯之星"和海岸线上被称为"世界第八大奇迹"的地球岛，因"911"事件而扬名国际的半岛电视台总部也设在此，已建成的"迪拜塔"也是世界的最高楼。可以说，没有任何一个国家和城市像迪拜那么具有超前的想象力，即便是闻名遐迩的美国荒漠明珠——赌城拉斯维加斯、马来西亚双子塔、澳大利亚悉尼歌剧院……但与迪拜所有疯狂的杰作相比，那都是小巫见大巫。

B. 巴菲特：从 100 美元到 400 亿美元

人类可能从来都不缺乏想象力和敢于去实现梦想的勇气，但我们有多少人真正想过要挖掘自己的潜能去创造奇迹？全球著名的"股神"巴菲特（曾持有过大量中石油股票）算一个，他从 100 美元开始到目前超过 400 亿美元的财富，这在股票市场几乎就是一个神话。

1930 年 8 月 30 日，沃伦·巴菲特出生于美国内布拉斯加州的奥马哈市，沃伦·巴菲特从小就极具投资意识，他钟情于股票和数字的程度远远超过了家族中的任何人。他满肚子都是挣钱的道儿，五岁时就在家中摆地摊兜售口香糖。稍大后他带领小伙伴到球场捡大款用过的高尔夫球，然后转手倒卖，生意颇为红火。上中学时，除利用课余做报童外，他还与伙伴合伙将弹子球游戏机出租给理发店老板们，挣取外快。

1941 年，刚刚 11 岁，他便跃身股海，购买了平生第一张股票。

巴菲特是有史以来最伟大的投资家，他依靠股票、外汇市场的投资成为世界上数一数二的富翁。他倡导的价值投资理论风靡世界。

2006 年 6 月 25 日巴菲特宣布，他将捐出总价达 370 亿美元的私人财富投向慈善事业。这笔巨额善款将分别进入全球首富、微软董事长比尔·盖茨创立的慈善基金会以及巴菲特家族的基金会。巴菲特捐出的 370 亿美元是美国迄今为止出现的最大一笔私人慈善捐赠。

C. 张艺谋：从工人到导演

人的梦想千奇百怪，有魄力、有勇气去实现都可能成功。农民可以周游世界，工人也可以变成著名导演。

可能每个人基本都看过他至少一部电影，那就是中国导演张艺谋，他从一个普通工人到世界著名导演，需要有多大的梦想和勇气？张艺谋在陕西乾县农村插过队、当过国棉厂工人，直到 1978 年 30 多岁才进入北京电影学院摄影系，1982 年毕业，他和陈凯歌等一起成为了"中国电影第五代导演"。从 1984 年担任《一个和八个》《黄土地》的摄影；到1987年出任导演开始和巩俐的七年"黄金搭档"，期间推出了《红高粱》《大红灯笼高高挂》《秋菊打官司》等影片让中国电影走向世界；再到《英雄》《十面埋伏》……历经婚变、穿越绯闻，这位被美国《娱乐周刊》评选为当代世界20位大导演之一的中国人，一直都是中国电影的一面旗帜。

在近20年中，张艺谋是站在中国电影最前沿的人物之一。张艺谋曾是工人，他超龄考入北京电影学院的事迹被法国《电影手册》列为影响电影进程的一件大事，事实证明，他日后的确成为"78班"乃至"第五代"中的主将。

由于影响力的不断扩大，张艺谋也被视为中国当代文化的一个标志，他在不同创作领域的尝试也成为大众关注的焦点，在甲天下的桂林山水大兴歌剧《刘三姐》，担任2008北京奥运会开幕式的总导演，等等，虽然他近年来在从事大规模的商业电影制作时饱受争议，但无论如何，张艺谋在艺术道路上取得了空前的成功已是不争的事实，如果当年没有梦想着去北京，那他至今恐怕还是咸阳某工厂的一个普通工人。

其实这样的例子还有太多，世界够大，梦想也够多，不光是一穷二白的农民周游世界，或者淳朴憨厚的工人成为著名电影导演，就算火星装地球，黄河水倒流，我们也不要感到惊奇，因为满满一世界的奇迹在等着我们去创造，让梦想来的疯狂一些，再疯狂一些。

而我们每个人，都是这些梦想的主人。

梦想再疯狂，如果不去实现，那才是真正的疯子和狂人，画饼充饥，纸上谈兵，那都是自欺欺人，梦想天生就该是为那些想实现梦想的人而准备的，只有做才是硬道理，一切靠行动。有想法而没有去实现，不如没有想法，混吃等死了算。

行动是实现梦想的关键，让行动发言，我们从小受的教育就是不要做语言的巨人、行动的矮子。虽然我们的教育是空谈，生活很现实，梦想很遥远，甚至梦想有时简直是奢侈而可耻的，但浪费梦想就更可耻。

不去实现梦想不如不要梦想，画饼画的越美好，只会勾引人的口水直流，这就像为什么热恋的女人喜欢男人承诺，也害怕男人承诺一样，承诺甜蜜而诱惑，但如果男人不兑现承诺就会给女人造成巨大的失落和挫败感。所以有歌词唱道：说再见，别说永远，再见不会是永远。说爱我，别说承诺，爱我不需要承诺。

梦想与现实的距离，唯有行动是通往成功的大门，走进去，我们就会缩短两者的差距。君子一言，驷马难追。说做就要去做，不做就是人品问题。不要考虑结果，去做好了，只想不去做的人是懦弱的人、可怜的人，不去做就永远没有机会，只会是一个永远的空想家。

我们承认，大多时候都是想的太多，做的太少，而且可以找到很多客观和主观的原因，什么条件不够好、时机不成熟、能力不够强等。我们一旦被现实压倒，那一生才是肤浅而空洞的，死后灵魂都进不了天堂，更不被上帝重视。他会随便把你扔到一个角落，再任人践踏。

不要扯淡，不要空谈，我们要行动。

3. 心动不如行动

生命是一个过程。这个过程的精彩与否就看我们有怎样的行动，跌宕起伏的几十年，不论成败，不在乎结果，体验了这个过程也就不枉此生。生命的意义或许也在于此。

生活中常有逢人就爱吹牛的人，不管听众愿意不愿意，只顾自己海阔天空，胡说八道。这些人一般来说都有些心理方面的问题，有骗子、有话痨、有自大狂，有更年期综合症，还有妄想症。碰到这种人，只有一个想法，直接给嘴上贴一透明胶。可能这种不管三七二十一，只顾自说自话也是一种释放压力的途径，但那是另一种悲哀。

行动起来，做是唯一的真理。思想是基础，行动是关键。

人要活出自信，活出气魄，想到什么，就敢去尝试，不要畏惧什么！

邓小平先生有句名言，发展才是硬道理。发展就是去做，唯有做，才能成就梦想。

05 步步为营，逐渐实现梦想

1984年，在东京国际马拉松邀请赛中，名不见经传的日本选手山田本一出人意料地夺得了世界冠军。当记者问他凭什么取得如此惊人的成绩时，他说了这么一句话：凭智慧战胜对手。

当时许多人都认为这个偶然跑到前面的矮个子选手是在故弄玄虚。马拉松赛是体力和耐力的运动，只要身体素质好，又有耐性，就有望夺冠，爆发力和速度都还在其次，说用智慧取胜确实有点勉强。

两年后，意大利国际马拉松邀请赛在意大利北部城市米兰举行，山田本一代表日本参加比赛。这一次，他又获得了世界冠军。记者又请他谈谈经验。

山田本一性情木讷，不善言谈，回答的仍是上次那句话：用智慧战胜对手。这回记者在报纸上没再挖苦他，但对他所谓的智慧迷惑不解。

十年后，这个谜终于被解开了，山田在他的自传中是这么说的：每次比赛之前，我都要乘车把比赛的线路仔细地看一遍，并把沿途比较醒目的标志画下来，比如第一个标志是银行，第二个标志是一棵大树，第三个标志是一座红房子……这样一直画到赛程的终点。比赛开始后，我就以百米的速度奋力地向第一个目标冲去，等到达第一个目标后，我又以同样的速度向第二个目标冲去。40多公里的赛程，就被我分解成这么几个小目标轻松地跑完了。起初，我并不懂这样的道理，我把我的目标定在40多公里外终点线上的那面旗帜上，结果我跑到十几公里时就疲惫不堪了，我被前面那段遥远的路程给吓倒了。

在现实生活中，我们做事之所以会半途而废，这其中的原因，往往不是因为难度较大，而是觉得成功离我们较远，确切地说，我们不因为失败而放弃，而是因为倦怠而失败。我们稍微具有一点山田本一的智慧，会少许多懊悔和惋惜。

06 高效率行动的七步法

对于管理者而言，往往不是直接处理某件事情，那么他是如何把经过分类的事情委派下去的呢？

美国人皮尔斯提出了有效委派系统的七个步骤。

第一步　选定需要委派的工作。认真考察要做的各种工作，当你对工作有了清楚的了解以后，还要使你的下属也了解。要向处理这件工作的下属说明工作的性质和目标，要保证下属通过完成工作获得新的知识或经验。切记不要把"热土豆"式的工作委派出去。所谓"热土豆"式工作，是指那些处于最优先地位并要求你马上亲自处理的特殊工作。

第二步　选定能够胜任的人。建议你对下属进行完整的评价。你可以花几天时间让每个下属用书面形式写出他们对自己职责的评论。要特别注意两个职员互相交叉的一些工作。

但有一点也要记住，那就是你要尽量避免把所有的工作都交给一个人去做的倾向。

第三步　确定委派工作的时间、条件和方法。大多数管理者上午上班后的第一件事便是委派工作。这样做可能方便管理者，但却有损于职员的积极性。因为他们被迫改变原定的日程安排，工作的优选顺序也要调整。委派工作的最好时间是在下午。

第四步　制定一个确切的委派计划。有了确定的目标才能开始委派工作。给职员一份，自己留下一份备查。

第五步　委派工作。在委派工作之前，需要把为什么选他完成某项工作的原因讲清楚。关键是要强调积极的一面，同时，还要让下属知道他对完成工作任务所负的重要责任，让他知道完成工作任务对他目前和今后在组织中的地位会有直接影响。

第六步　检查下属的工作进展情况。检查太勤会浪费时间；对委派出去的工作不闻不问，也会导致祸患。

第七步　检查和评价委派工作系统。当委派出去的工作完成以后，你要在适当的时候对自己的委派工作系统进行评价，以求改进。

第十章

改变自己，坚持才是硬道理

掌控自己需要坚持，只有坚持不懈才能有所回报。有一句俗语叫"功到自然成"，一个人的汗水是不会白流的，相信自己，坚持下去，成功就在不远处等着你！

01 改变自己，学会坚持

我们要学会坚持。

谁都知道凡尔纳是一位世界闻名的法国科幻小说作家，但很少有人知道，凡尔纳为了发表他的第一部作品，曾经遭受过多么大的挫折！

1863年冬天的一个上午，凡尔纳刚吃过早饭，正准备到邮局去，突然听到一阵敲门声。凡尔纳开门一看，原来是一个邮政工人。工人把一包鼓囊囊的邮件递到了凡尔纳的手里。一看到这样的邮件，凡尔纳就预感到不妙。自从他几个月前把他的第一部科幻小说《乘汽球五周记》寄到各出版社后，收到这样的邮件已经是第14次了。他怀着忐忑不安的心情拆开一看，上面写道："凡尔纳先生：尊稿经我们审读后，不拟刊用，特此奉还。某某出版社。"每看到这样一封封退稿信，凡尔纳都是心里一阵绞痛。这是第15次了，还是未被采用。凡尔纳此时已深知，那些出版社的"老爷"们是如何看不起无名作者的。他愤怒地发誓，从此再也不写了。他拿起手稿向壁炉走去，准备把这些稿子付之一炬。凡尔纳的妻子赶过来，一把抢过手稿紧紧抱在胸前。此时的凡尔纳余怒未息，说什么也要把稿子烧掉。他妻子急中生智，以满怀关切的话语安慰丈夫："亲爱的，不要灰心，再试一次吧，也许这次能交上好运的。"听了这句话以后，凡尔纳抢夺手稿的手，慢慢放下了。他沉默了好一会儿，然后接受了妻子的劝告，又抱起这一大包手稿到第 16 家出版社去碰运气。

这次没有落空，读完手稿后，这家出版社立即决定出版此书，并与凡尔纳签订了 20 年的出书合同。

没有他妻子的疏导，没有"再努力一次"的勇气，我们也许根本无法读到凡尔纳笔下那些脍炙人口的科幻故事，人类就会失去一份极其珍贵的精神财富。

做事必须有始有终。许多人有一种把工作做一会儿就放在一边的习惯。而且他们充分相信，他们似乎已经完成了什么。事实果真如此吗？你这样做，犹如足球运动员在临门一脚的刹那收回了脚，前功尽弃，白白浪费力气。

对一位积极进取的员工来说，有始无终的工作恶习最具破坏性，也最具危险性。它会吞噬你的进取之心，它会使你与成功失之交臂。这不能不说是一个巨大的遗憾。而一个人一旦养成了有始无终、半途而废的坏习惯，他永远不可能出色完成任何任务。这时他也许会运用一些小伎俩来蒙混过关，欺骗老板。可惜，重过程更重结果的老板很少会受欺骗。

如果你有能力，业绩却远落于他人，不要疑惑，不要抱怨，问问自己是否把工作进行到底，如果答案是否定的，这就是你无法取胜的原因。对于任何一件工作，要么干脆别动手，要么就有始有终，彻底完成。有一句话说的好："笑到最后的，才是最美的。"

有位外资企业的管理顾问，他的办公室里，各种豪华的摆设、考究的地毯、忙进忙出的员工告诉参观的人士，他的公司成就非凡。就是这位管理顾问成功的背后，也藏着鲜为人知的辛酸史。

他创业之初的头半年，把十年前的存款用得精光，账户上余额为0元。顾问因为付不起房租，一连几个月都以办公室为家。他因为坚持实现自己的理想，而拒绝了几家跨国企业的高薪诚聘。他曾被顾客拒绝过、冷落过，但欢迎他、尊敬他的客户和拒绝过、冷落他的客户几乎同样多。8年艰苦卓绝的努力，8年拼搏挣扎的抗战，顾问没有一句牢骚，他反而对手下员工们说，我还在学习啊。这是一种无形的、捉摸不定的生意，竞争很激烈，实在不好做，但不管怎样，我还是要继续学下去。有一位员工看到他的老总清削但刚毅的面容，忍不住问，这几年来您感到过疲倦吗？顾问大笑，说："没有，我不觉得辛苦，反而认为得到了受用无穷的经验。"

这是一个成功者平常心的深刻再现，他认真、踏实、肯干。我们完全有理由相信，彪炳的功业，无一不受过无情的打击，只是这些成功者能坚持到底，终于获得辉煌成果。天底下没有不劳而获的果实，如果能利用种种困难与失败，决不轻言放弃，使你更上一层楼，那么一定可以成功。

不管做什么事，只要放弃了，就没有成功的机会；不放弃，凡事再坚持一次，就像凡尔纳那样去做，就会一直拥有成功的希望。如果你有99%想要成功的欲望，但却有1%想要放弃的念头，这样也可能与成功无缘。

当然，凡事懂得再坚持一次，是建立在对前途的敏锐的认识和对客观条件的充分把握上的，并不是一味地去坚持一种毫无意义的事情。某些彩民数十年坚持买某组数字的彩票，最终往往是徒劳的，因为从概率学上来说，这组数字中奖的概率本身就很低。所以说，坚持是对有一定把握的事情的执着，坚持决不等于固执。

两个贫苦的樵夫靠着上山捡柴糊口，有一天在山里发现两大包棉花，两人喜出望外，棉花价格高过柴薪数倍，将这两包棉花卖掉，足可供家人一个月衣食无虑。当下两人各自背了一包棉花，便欲赶路回家。走着走着，其中一名樵夫眼尖，看到山路上扔着一大捆布，走近细看，竟是上等的细麻布，足足有十多匹之多。他欣喜之余，和同伴商量，一同放下背负的棉花，改背麻布回家。

他的同伴性格固执，却有不同的看法，认为自己背着棉花已走了一大段路，到了这里丢下棉花，岂不枉费自己先前的辛苦，坚持不愿换麻布。先前发现麻布的樵夫屡劝同伴不听，只得自己竭尽所能地背起麻布，继续前行。

又走了一段路后，背麻布的樵夫望见林中闪闪发光，待近前一看，地上竟然散落着数坛黄金，心想这下真的发财了，赶忙劝同伴放下肩头的麻布及棉花，改用挑柴的扁担挑黄金。他的同伴仍是固执不愿丢下棉花，坚持"以免枉费辛苦"的论调，并且怀疑那些黄金不是真的，劝他不要白费力气，免得到头来一场空欢喜。发现黄金的樵夫只好自己挑了两坛黄金，和背棉花的伙伴赶路回家。

走到山下时，无缘无故下了一场大雨，两人在空旷处被淋得湿透。更不幸的是，背棉花的樵夫背上的大包棉花吸饱了雨水，重得完全无法再背得动，那樵夫不得已，只能丢下一路辛苦舍不得放弃的棉花，空着手和挑金子的同伴回家去。

这个故事告诉我们，坚持去做某一件事情无所谓错，但决不能不顾及客观条件的变化去固执地守着过去的行为。当情况发生变化后，仍旧去固守不合时宜的行为只会适得其反，带来不良的后果。

再坚持一次，你或许就能触摸到成功；但坚持不等于固执，固执会走向反面。

02 坚持，再坚持一下

在进入广告业之前，科尔是一名令人羡慕的新闻记者，工作体面，薪资丰厚。在同事和朋友诧异的目光中，他辞职做起了一名广告业务员。因为他觉得记者难以体现自己的人生价值，广告才具有更大的挑战和机遇，他对自己信心满满，还向经理提出不要薪水，只按自己的业绩抽取佣金，经理当然乐意答应他的要求，不管他的业绩如何，公司都不会有损失。他找经理要了一份客户名单，但这份名单比较特殊，上面都是一些实力雄厚的大企业。这之前所有的广告业务员都碰了一鼻子灰、无功而返，所有的人都认为那些客户根本不可能和他们合作，唯独科尔除外，因为科尔也招来了同事无情的讪笑。每次当他去拜访这些客户前，科尔总是先把自己关在屋里，站在一个大镜子前面，把客户的名称和负责人的名字默念十遍，接着信心十足地说："一个月之内，我们将有一笔大交易。"他坚定的信心成为他成功的催化剂。仅在第一天，就有三个所谓"不可能的"的客户和他签订了合同；到那个星期五，又有两个客户同意买他的广告；一个月后，名单上只有一个名字后面没有打上勾。第二个月，科尔在拜访新客户的同时，每天早晨，只要拒绝买他的广告的那个客户的商店一开门，他就进去请这个商人做广告，但是每一次这位商人都面无表情地说："不！"可是每一次，当这位商人说"不"时，科尔都不放在心里，然后继续前去拜访，就像拜访新客户一样。很快又一个月过去了，连续对科尔说了60天"不"的商人突然有了兴趣与他交谈几句："你已经在我这里浪费了两个月的时间，事实上我什么也没有给你，我现在想知道的是，是什么让你坚持这样做？"科尔说："我当然不会故意到这里来浪费时间，我是到这里学习的，你就是我的老师，我从你这里学习如何在逆境中坚持，事实上我们都在坚持。"那位商人点点头，对克里的话深表赞同，他说："其实我不得不承认，我也一直在学习，你也是我的老师。我们都学会了如何坚持，对我来说，这比金钱更加宝贵，为了表示我的感激之情，我决定买你一个广告版面，这是我付给你的学费……而不是……我放弃坚持。"

在商人很有礼貌的"退让"下，名单上最后一个"钉子户"被拔除了。当他把划满勾的名单交回给经理时，经理顿时站了起来，向这位杰出的广告业务员表示敬意。他说："以你的能力，不应该继续做一个业务员，所以，我将向社长提议，专门为你成立一个部门。"第三个月的第一天，科尔为经理的广告二部成立了，30多个员工成了科尔的下属。在这里，科尔找到了一个最适合自己发展的全新空间。苏东坡曾有一句话："古之成大事者，不惟有超世之才，亦必有坚忍不拔之志气。"是的，有时让我们疲惫的不是远方的风景，而是脚下的一粒沙子。面对这粒沙子的折磨，我们再坚持一下，会是什么样呢？坚持是一种品质，是一种开天辟地、披荆斩棘、直达成功的品质。千里之堤，溃于蚁穴，放弃一步坚持，带来的可能就是全面的崩溃。再坚持一下，离成功就更近一步。而生活中，人们往往最缺乏的也是"再坚持一下"的品质，从而与成功擦肩而过。成功需要坚持不懈的品质，更需要关键时刻"再坚持一下"的执着信仰。成功从来不神秘莫测，也不艰难坎坷，只需要你像科尔那样不断地"再坚持一下"。

03 成功需要耐心追逐

在南美洲安第斯高原海拔 4000 多米人迹罕至的地方，生长着一种花，名叫普雅花，花期只有两个月，花开之时极为绚丽。然而，谁会想到，为了两个月的花期，它竟然等了 100 年。100 年中，它只是静静地伫立在高原上，栉风沐雨，用叶子采集太阳的光辉，用根汲取大地的养料，就这样默默等待着，等待着 100 年后生命绽放时的惊天一刻，等待着攀登者身心俱疲时的眼前一亮。对普雅花来说，等待是一种美丽的坚持。现实世界里，人们缺乏的正是普雅花的毅力，表现为眼高手低，好高骛远，只重成功后的辉煌，忽略或忽视成功前的努力和等待。19 世纪，加拿大蒙特利尔麦尔大学的学生威廉·奥斯勒对人生感到困惑，他有远大理想，渴望成功，优越。身边的小事没什么意义，平凡的生活枯燥乏味，因而成绩每况愈下。威廉·奥斯勒的老师推荐他阅读哲学家卡莱里写的一本启蒙读物。在漫不经心的浏览中，他突然发现书中的一句话："首先要做的事不是去看远方模糊的目标，而要做手边最具体的事情。"他顿悟，是呀，不论多么远大的理想，都需要一点点实现，无论多么浩大的工程，都需要一砖一瓦垒起来。年轻的威廉·奥斯勒开始埋头读书，以优异的成绩毕业。毕业后到一家医院做医生，认真对待每一个患者，很快成为当地的名医，并被授予爵位。生命是一个奋斗的过程，也是一个等待的过程。因为人生不会是一马平川，不会总是春风得意。在太多的不顺心、不如意甚至挫折面前，我们需要的是平和的心态，像普雅花那样，在等待中积聚力量，最后实现灿烂的绽放。

一位著名的推销大师，即将告别他的推销生涯，应行业协会和社会各界的邀请，他将在该城中最大的体育馆做告别职业生涯的演说。

那天，会场座无虚席，人们在热切地、焦急地等待着那位当代最伟大的推销员做精彩演讲。大幕徐徐拉开，舞台的正中央吊着一个巨大的铁球。为了这个铁球，台上搭起了高大的铁架。一位老者在人们热烈的掌声中走了出来，站在铁架的一边。他穿着一件红色的运动服，脚下是一双白色胶鞋。

人们惊奇地望着他，不知道他要做出什么举动。这时两位工作人员，抬着一个大铁锤，放在老者的面前。主持人这时对观众讲："请两位身体强壮的人，到台上来。"好多年轻人站起来，转眼间已有两名动作快的跑到了台上。老人告诉他们游戏规则，请他们用这个大铁锤，去敲打那个吊着的铁球，直到把它荡起来。一个年轻人抢着拿起铁锤，拉开架势，抡起大锤，全力向那吊着的铁球砸去，一声震耳的响声，吊球动也没动。他接着用大铁锤接二连三地砸向吊球，很快他就气喘吁吁。另一个人也不示弱，接过大铁锤把吊球打得叮当响，可是铁球仍旧一动不动。台下逐渐没了呐喊声，观众好像认定那是没用的，就等着老人做出解释。

会场恢复了平静，老人从上衣口袋里掏出一个小铁锤，然后认真地面对着那个巨大的铁球敲打起来。

他用小锤对着铁球"咚"敲一下，然后停顿一下，再一次用小锤"咚"地敲一下。人们奇怪地看着，老人就那样"咚"敲一下，然后停顿一下，就这样持续地做。10分钟过去了，20分钟过去了，会场早已开始骚动，有的人干脆叫骂起来，人们用各种声音和动作发泄着他们的不满。老人仍然敲一小锤停一下地工作着，他好像根本没有听见人们在喊叫什么。人们开始忿然离去，会场上出现了大片大片的空缺。留下来的人们好像也喊累了，会场渐渐地安静下来。

大概在老人敲打了40分钟的时候，坐在前面的一个妇女突然尖叫一声："球动了！"刹那间会场鸦雀无声，人们聚精会神地看着那个铁球。那球以很小的幅度动了起来，不仔细看很难察觉。老人仍旧一小锤一小锤地敲着，吊球在老人一锤一锤的敲打中越荡越高，它拉动着那个铁架子"哐哐"作响，它的巨大威力强烈地震撼着在场的每一个人。终于场上爆发出一阵阵热烈的掌声，在掌声中老人转过身来，慢慢地把那把小锤揣进兜里。老人开口讲话了，他只说了一句话："在成功的道路上，你如果没有耐心去等待成功的到来，那么，你只好用一生的耐心去面对失败。"

你可以不思成功，但你的生活并不会因此而轻松。每个人都应耐心追逐成功，你会因此而品尝到成功的果实。成功就是简单的事情重复做，只要持之以恒地坚持下去，成功迟早会光顾你。

04 成功源于坚持

人生不可能一帆风顺，多多少少总会有一些坎坷和波折。世界上之所以有强弱之分，究其原因是前者在接受命运挑战的时候说："我永远不会放弃。"后者说："算了，我承受不住。"

1883年，富有创造精神的工程师约翰·罗布林雄心勃勃地意欲着手建造一座横跨曼哈顿和布鲁克林的桥。然而桥梁专家们却说这计划纯属天方夜谭，不如趁早放弃。罗布林的儿子华盛顿，是一个很有前途的工程师，也确信这座大桥可以建成。父子俩克服了种种困难，在构思着建桥方案的同时也说服了银行家们投资该项目。

然而桥开工仅几个月，施工现场就发生了灾难性的事故。罗布林在事故中不幸身亡，华盛顿的大脑也严重受伤。许多人都以为这项工程因此会泡汤，因为只有罗布林父子才知道如何把这座大桥建成。

尽管华盛顿丧失了活动和说话的能力，但他的思维还同以往一样敏锐，他决心要把父子俩费了很多心血的大桥建成。一天，他脑中忽然一闪，想出一种用他唯一能动的一个手指和别人交流的方式。他用那只手敲击他妻子的的手臂，通过这种密码方式由妻子把他的设计意图转达给仍在建桥的工程师们。整整13年，华盛顿就这样用一根手指指挥工程，直到雄伟壮观的布鲁克林大桥最终落成。

一个音乐家，失去了最宝贵的听觉。但是在这种情况下他对自己热爱的事业丝毫没有放弃，用自己的勇气抵抗命运的打击，创作出了令人惊叹的乐曲。他的名字世界上的人都知道，他就是耳聋的音乐家——贝多芬。

美国著名小说家海明威的自杀给后人留下了许多争论，从某一方面讲，这样做是无意义的。因为一个连自己最宝贵的生命都可以放弃的人，在生活中又怎么能有勇气去接受命运的挑战？如果什么事只要失败就不干了，那么人生的意义何在？

永远不要说放弃是一种坚定的信念、执着的追求，也是一种可贵的自信。永远不说放弃是一种幸福，也是一种自豪。一个健康的人可以幸福地说："拥有健康和快乐"。一个残废的人可以自豪地说："我的心脏没有放弃跳动，我就不会放弃生活。"

永远不要放弃，一个人是这样，一个国家也是这样。奋斗是艰苦的，但是只要永远不放弃，就永远有这种追求、信念和自信，永远有这种勇气，永远有这种准则，那么，离真正强大起来的那天还会遥远吗？

当你想要放弃时，不妨想想，也许阳光就在转弯的不远处，如果此刻放弃就永远触不到成功的希望，那就对自己说：挺住，成功源于坚持。

05 只有坚持才能走向成功

坚持不懈与充分的自信一样，都是取得成功的必备素质。如果你想与众不同，如果你想取得成功，那么你要拥有的最重要的素质就是你能够比其他人坚持得更久的能力。这正如有人挖井找人，很多人挖了深浅不一的井，没有找到水就放弃了，只有一人坚持往下挖，挖的比别人都深，最后出水了。只有坚持才能见到效果，只有坚持才能走向成功。一般而言，坚持不懈是人们拥有调试自制的素质的表现。想想看，当你面对那些不可避免的挫折、失望和生活中暂时的失败时，你会怎么做？人们往往都会有一种惰性，一遇困难就退缩，遇到挫折就放弃，这不是一个成功者应该具备的素质。只有在你遇到这些问题仍然坚持不懈时，你的行为才能向自己和周围的人证明你具备了自律和自控的素质，你才能得到外界的帮助，而这些素质又恰恰是你取得成功所不可缺少的。一个成功者是从来不对困难和挫折屈服的，英国首相温斯顿·丘吉尔在面对德国法西斯的疯狂进攻时，就曾对他的国民说过："不要屈服，永远不可屈服！"这不但是一句振奋英国全民的豪言壮语，也是他最重要的人生总结。丘吉尔坚信，以斗牛犬式的坚韧面对似乎不可战胜的失败往往是反败为胜的关键，而他也总是以自己的行动一次又一次地证明了这一点。譬如，在英国全境遭遇德国法西斯的狂轰滥炸之后，丘吉尔和他领导下的英国人民仍然坚持战斗，没有退缩，最终反败为胜，打回了欧洲本土。正由于丘吉尔在面对看似必败的情形时总是毫无怨言地承受保持坚韧的态度，所以他被人们称为 20 世纪最伟大的政治家之一。目标和计划有大有小，也有难有易，但对于任何计划和目标，如果没有不可动摇的决心和坚韧的毅力，都是不能实现的，这就如你想吃一个苹果，你却不愿意动一动手指，自己削上一个，你又如何能够吃上呢？

　　反过来，如果你能以不可动摇的决心和坚持支持你所有的目标和计划，你就将惊奇地发现，世界上没有任何东西和力量可以阻挡你的步伐，你的力量将不可抗拒，而你所有的宏伟目标也必将成为现实，你的美梦可以成真。

事实上，在这个世界上，除了你自己，谁还能阻挡你呢？人最大的敌人就是自己。所以，立即行动吧，朝着你的成功与财富的方向快速奔跑。

06 坚持，无论现在还是未来

有一个叫布罗迪的英国教师，在整理阁楼上的旧物时，发现了一沓作文本。作文本上是一个幼儿园的 31 位孩子在 50 年前写的作文，题目叫《未来我是……》。

布罗迪随手翻了几本，很快便被孩子们千奇百怪的自我设计迷住了。比如，有个叫彼得的小家伙说自己是未来的海军大臣，因为有一次他在海里游泳，喝了三升海水而没被淹死；还有一个说，自己将来必定是法国总统，因为他能背出 25 个法国城市的名字；最让人称奇的是一个叫戴维的盲童，他认为，将来他肯定是英国内阁大臣，因为英国至今还没有一个盲人进入内阁。总之，31 个孩子都在作文中描绘了自己的未来。

布罗迪读着这些作文，突然有一种冲动：何不把这些作文本重新发到他们手中，让他们看看现在的自己是否实现了 50 年前的梦想。

当地一家报纸得知他的这一想法后，为他刊登了一则启事。没几天，书信便向布罗迪飞来。其中有商人、学者及政府官员，更多的是没有身份的人……他们都很想知道自己儿时的梦想，并希望得到那作文本。布罗迪按地址一一给寄了去。

一年后，布罗迪手里只剩下戴维的作文本没人索要。他想，这人也许死了，毕竟50年了，50年间是什么事都可能发生的。

就在布罗迪准备把这本子送给一家私人收藏馆时，他收到了英国内阁教育大臣布伦克特的一封信。信中说："那个叫戴维的人就是我，感谢您还为我保存着儿时的梦想。不过我已不需要那本子了，因为从那时起，那个梦想就一直在我脑子里，从未放弃过。50年过去了，我已经实现了那个梦想。今天，我想通过这封信告诉其他30位同学：只要不让年轻时美丽的梦想随岁月飘逝，成功总有一天会出现在你眼前。"

布伦克特的这封信后来被发表在《太阳报》上。他作为英国第一位盲人大臣，用自己的行动证明了一个真理。假如谁能把三岁时想当总统的愿望执着地努力奋斗50年，那么他现在一定已经是总统了。

当年迪斯尼为了实现建立"地球最欢乐之地"的美梦，四处向银行融资，可是被拒绝了302次之多，每家银行都认为他的想法怪异。其实并不然，他有远见，尤其是决心实现梦想。今天，每年都有上百万游客享受到前所未有的"迪斯尼欢乐"，这全都出于一个人的决心——这就是坚持梦想的人生。类似的故事还有很多。无一例外，它们都告诉我们要完成既定的梦想就必须坚持、坚持、再坚持。没有锲而不舍坚持到底的精神，就很难收获成功。

07 坚持自己，"自己坚持"

有时候我们需要"自己"坚持。

朋友们都认为戴维很有才能，但不知道他为什么不能靠写作维持自己的生活。

戴维认为他必须先有了灵感才能开始写作，作家只有感到精力充沛、创造力旺盛时才能写出好的作品。为了写出优秀作品，他觉得自己必须"等待情绪来了"之后，才能坐在打字机前开始写作。如果他某天感到情绪不高，那就意味着他那天不能写作。不言而喻，要具备这些理想的条件并不是有很多机会的，因此，戴维也就很难感到有多少好情绪使他得以成就任何事情，也很难感到有创作的欲望和灵感。这便使他的情绪更为不振，更难有"好情绪出现"，因此也越发地写不出东西来。

通常，每当戴维想要写作的时候，他的脑子就变得一片空白。这种情况使他感到害怕。所以，为了避免瞪着空白纸页发呆，他就干脆离开打字机。他去收拾一下花园，把写作忘掉，心里马上就好受些。他也用其他办法来摆脱这种心境，比如去打扫卫生间，或去刮胡子。

但是，对于戴维来说，在盥洗间刮刮胡子或在花园种种玫瑰，都无助于在白纸上写出文章来。后来，戴维借鉴了著名作家、国家图书奖获得者乔伊斯·奥茨的经验。奥茨的经验是："对于'情绪'这种东西可不能心软。从一定意义上来说,写作本身也可以产生情绪。有时,我感到疲惫不堪,精神全无,连五分钟也坚持不住了;但我仍然强迫自己坚持写下去,而且不知不觉地,在写作的过程中情况完全变了样。"

戴维认识到,要完成一项工作,你必须呆在能够实现目标的地方才行。要想写作,就非在打字机前坐下来不可。

经过冷静的思考,戴维决定马上开始行动起来。他制订了一个计划。他起床的闹钟定在每天早晨七点半钟。到了八点钟,他便可以坐在打字机前。他的任务就是坐在那里,一直坐到他在纸上写出东西。如果写不出来,哪怕坐一整天,也在所不惜。他还订了一个奖惩办法:早晨打完一页纸才能吃早饭。

第一天,戴维忧心忡忡,直到下午两点钟他才打完一页纸。第二天,戴维有了很大进步。坐在打字机前不到两小时,他就打完了一页纸,较早地吃上了早饭。第三天,他很快就打完了一页纸,接着又连续打了五页纸,才想起吃早饭的事情。他的作品终于产生了。他就是靠坐下来动手干学会了面对艰难的工作的。

在工作中产生畏难情绪时,不能躲避,要强迫自己坚持下去。这样,你才能够逐渐适应和习惯比较困难的工作。

08 认准目标,坚持不懈

中国有句老话,叫做"一勤天下无难事"。"勤"的一个重要内容就是做事的坚持性。

相传古希腊大哲学家苏格拉底在学校开学的第一天曾教学生们甩手，并要求大家每天做 300 下，一个月后，他问哪些同学坚持了，90% 的同学举起了手，两个月后，坚持下来的只剩 80%，一年后，苏格拉底再问大家，他环顾整个教室发现，整个教室里只有一个人举起了手，这个学生就是后来成为大哲学家的柏拉图。

考察事业有成者之后会发现：他们无一例外地都具有做事刻苦勤奋、坚持不懈的特点。

坚持性是能顽强克服行动中的困难、不屈不挠地执行"决定"的品质，这种品质表现为善于抵制不符合行动目标的各种诱因的干扰，做到面临千纷百扰，不为所动；也表现为善于长久地坚持业已开始的符合目的的行动，做到锲而不舍，有始有终。

培养坚持性，最重要的是养成良好的习惯——勤劳。勤劳是一个人事业有成的保证，而懒惰则是一个人进步的大敌。培根曾说："人的思考取决于动机，语言取决于学问和知识，而他们的行动，则多半取决于习惯……它可以主宰人生。"马基雅维利也说："人的性格和承诺都靠不住，靠得住的只有习惯。"

培养坚持性，还必须具有很强的自制性。自制性表现为善于迫使自己去执行已采取的决定，战胜有碍执行决定的各种因素。培养自制性的表现为善于抑制消极情绪的冲动，自觉控制和调节自己的行为。我们应该明白：顽强的自制性不是与生俱来的，而是在实践活动中养成的，尤其是在克服困难中形成的。

《史记》的作者司马迁出生于一个仕宦之家，其父司马谈是朝中的史官，临终前他嘱咐司马迁不要忘了著书立说的大事，不能让国家的历史断绝了。三年后，司马迁继承父职，做了太史令，经过一段时间的知识准备，他开始编写《史记》。公元前99年，由于他为大将李陵说了几句公道话，触怒了汉武帝，被关进监狱，并处以宫刑。这一奇耻大辱曾一度使司马迁丧失了生活的勇气，在困境中，他想起父亲的嘱托，想起父亲和自己多年的努力，想起记载国家历史的重任，最终他战胜了自我，毅然决然地活了下来，并且以更加勤奋刻苦的精神续写《史记》，完成了这一千古之作。

居里夫人是世界上唯一一个两次获得诺贝尔奖的女科学家，她出生在波兰，家境贫苦，在校读书时，饥寒时常缠绕着她，冬天冻得她睡不着觉，她甚至于不得不把椅子压在被子上御寒。艰苦的生活经历锻造了她坚毅的性格。为了提炼镭，她和丈夫在简陋的棚屋内苦苦奋斗了4年，用了400多吨沥青矿、200多吨化学药品和800多吨水。在此期间有一年他们没有看过一场戏，没有听过一场音乐会，也没有去访问过朋友。在最困难的时候，他们的储蓄用光了，要不要坚持下去，连她的丈夫也发生了动摇，正是居里夫人的坚持，才避免功亏一篑，他们终于提炼出了镭，揭开了镭的秘密。

培根说，幸运中所需要的美德是节制，而厄运中所需要的美德是坚韧，后者比前者更为难能可贵。这都告诉我们，顽强的自制性是一个人在不懈的坚持性中所不可缺少的东西，面对生活中的不幸和挫折，面对前进道路上的艰难险阻，我们要迎难而上，知难而进，把艰难困苦变为我们的顽强意志和坚韧毅力，变为矢志不移的努力。

爱因斯坦说，在天才和勤奋之间，我毫不迟疑地选择勤奋。爱因斯坦这样的大智者尚且如此，更何况我们呢？

只要认准目标，坚持不懈地奋斗，成功就在前方。